当代公共艺术创意设计研究

陆鹰豪　张伟　著

中国商业出版社

图书在版编目（CIP）数据
当代公共艺术创意设计研究 / 陆鹰豪，张伟著.
北京 : 中国商业出版社，2025. 7. -- ISBN 978-7-5208-3528-2
Ⅰ. TU984.11
中国国家版本馆 CIP 数据核字第 2025SU2242 号

责任编辑：滕 耘

中国商业出版社出版发行
（www.zgsycb.com 100053 北京广安门内报国寺1号）
总编室：010-63180647 编辑室：010-83118925
发行部：010-83120835/8286
新华书店经销
昌昊伟业（天津）文化传媒有限公司印刷
*
787毫米 × 1092毫米 16开 6.75印张 140千字
2025年7月第1版 2025年7月第1次印刷
定价：50.00元
* * * *
（如有印装质量问题可更换）

前　言

在当今社会，公共艺术作为社会文化的重要载体，其发展与创新备受关注。它不仅是艺术形式的一种表达，更是连接城市、社区与公众的桥梁，反映着时代的精神与文化内涵。随着城市化进程的加速，公共艺术在城市空间中的地位愈发重要。它不再是孤立的艺术作品，而是与城市规划、建筑设计、地域文化等多方面紧密结合，形成一个有机整体。本书的研究正是基于这样的时代背景，希望通过对公共艺术的全面分析，揭示其在当代社会中的发展规律与创新路径，通过深入探究当代公共艺术在创意设计方面的理论与实践，为该领域的发展提供有益的参考。

本书共分五章。第一章首先对公共艺术展开介绍，从其含义、起源与发展、类型与功能等方面进行系统梳理。第二章聚焦当代艺术语境下的公共艺术，深入分析创作中的影响因素，包括艺术家、体制、公众的角色与影响以及它们之间的互动关系。同时，探讨当代公共艺术的重塑与发展新动力，展现当代公共艺术在新语境下的发展态势。第三章围绕当代公共艺术空间创意设计展开，分析私人领域、主题性空间和自然空间三种公共空间语境下的公共艺术，探讨公共艺术的美学意蕴，还对公共艺术空间的精神探索进行了研究。第四章探讨城市公共艺术与地域文化创意设计，分析城市公共艺术设计的综合性以及与城市规划、建筑设计等的关系，阐述城市公共艺术的地域性和数字化时代城市公共艺术的发展，为城市公共艺术的设计与发展提供了新的思路。第五章研究当代公共艺术与建筑的跨界融合，综述跨界融合的现象，分析建筑公共艺术化和公共艺术建筑化的趋势以及科技对建筑与公共艺术设计的影响，展现了公共艺术与建筑领域的创新融合。

本书在写作过程中，注重理论与实践相结合，通过对典型案例的分析，深入探讨了当代公共艺术创意设计的相关问题。希望本书能够为从事公共艺术研究、设计和实践的人员提供有益的参考，为推动当代公共艺术的发展贡献一份力量。

本书参考了大量的学术文献，在此向所有的学者和同人表示诚挚的谢意。由于作者学术水平有限，加之时间仓促，书中难免存在不足与错谬，敬请广大读者批评指正。

目　录

第一章　公共艺术概述

第一节　公共艺术的含义

一、什么是公共艺术

目前而言，对于公共艺术（Public Art）尚无统一的定义，一般认为，它主要是指为普通大众创作和设计，并被安置或实施在社会空间、自然空间等各种贴近大众的具有公共属性的空间场域中的一切艺术作品。公共艺术可以从不同的层面进行理解。

（一）理论层面：作为文化符号的公共性建构

从理论维度来看，公共艺术的核心在于“公共性”的哲学阐释。它突破了传统艺术封闭的美学范畴，将艺术本体论与空间政治学、社会心理学相融合。这里的“公共”并非简单的物理空间概念，而是指由公众参与、共享并形成的一种集体认同的文化场域。

在美学理论中，公共艺术颠覆了“艺术自律性”的传统认知，强调艺术与日常生活的关联性。德国哲学家哈贝马斯提出的“公共领域”理论在此具有启示意义——公共艺术通过物质形态的艺术作品，构建起市民社会的文化对话平台，使艺术成为连接个体经验与集体意识的媒介。例如，芝加哥千禧公园的《云门》雕塑，其镜面材质不仅是美学表达，更通过反射城市景观与人群活动，在理论层面实现了“艺术对象”向“公共事件”的转化。

从符号学角度分析，公共艺术是城市空间的“文化编码”。艺术家通过材质、形态、符号的选择，将地域历史、集体记忆注入公共空间，使艺术作品成为可读解的文化文本。西班牙毕尔巴鄂古根海姆博物馆的钛金属流线型外观，在理论上超越了建筑功能，成为解构传统美学范式的符号，重塑了城市的文化身份认同。

（二）实践层面：空间介入与社会互动的双向实践

在实践领域，公共艺术表现为对物理空间的创造性介入与社会关系的重构过程。它不再局限于美术馆的白立方空间，而是以装置、雕塑、多媒体等多元形式，嵌入街道、广场、社区等日常场域。这种实践具有双重属性，既是艺术家的创作行为，也是公众参与的社会过程。

从空间实践来看，公共艺术通过形态、材质与尺度的设计，激活被忽视的城市角落。在日本越后妻有大地艺术节中，安藤忠雄的水之教堂将自然景观与混凝土建筑相结合，在实践中打破了室内外空间的界限，使宗教场所转化为公众可体验的精神空间。这种介入不是对空间的装饰，而是通过艺术语言重新定义空间的使用逻辑与情感属性。

在社会互动层面，公共艺术的实践强调“参与式创作”。英国艺术家瑞秋·怀特里德的《幽灵》系列，通过浇筑建筑内部空间的负形，使被遗忘的居住痕迹成为公共艺术品。这种实践邀请公众重新审视日常环境，在艺术创作中完成对集体记忆的打捞。当代公共艺术更发展出互动装置、社区艺术计划等形式，如韩国首尔梨花洞壁画村的改造项目，通过居民与艺术家的协作，使艺术实践成为社区认同建构的社会实践。

（三）文化层面：作为集体记忆的视觉叙事

在文化维度，公共艺术承担着塑造与传承集体记忆的功能。它以视觉符号的方式，将碎片化的历史经验转化为可感知的文化载体，在全球化语境中维系地域文化的独特性。这种文化表达不依赖政治意识形态，而是通过民间记忆、日常生活的审美转化，构建多元包容的文化图景。

例如，澳大利亚悉尼歌剧院的贝壳造型，在文化层面超越了建筑功能，成为原住民文化与现代文明对话的视觉隐喻。其壳体结构的数学美感与海洋文化的符号联想，共同编织出属于悉尼的文化记忆图谱。美国纽约高线公园的改造项目，将废弃铁路转化为空中花园，保留的铁轨痕迹与工业构件成为后工业化时代的集体记忆物证，在文化实践中完成了对城市历史的视觉叙事。

（四）美学层面：打破界限的跨学科表达

公共艺术的美学实践打破了传统艺术门类的界限，呈现出跨学科、多媒体的融合特征。它不再追求单一的形式美感，而是通过科技、材料与空间的创新组合，创造沉浸式的审美体验。这种美学探索呼应了当代艺术“打破艺术与生活界限”的思潮，使公共艺术成为实验性艺术的重要场域。

teamLab 在新加坡滨海湾的数字灯光装置，将光影、音乐与建筑空间相结合，观众的移动会实时改变艺术作品的视觉效果。这种互动美学颠覆了传统静观式的审美模式，在公共空间中创造出参与式的美学体验。英国艺术家达明安·赫斯特的 Pharmacy 餐厅装置，将医疗元素与餐饮空间相结合，在美学实践中探讨消费社会的异化问题，使公共艺术成为批判现实的美学载体。

公共艺术的定义在多维度的理论与实践中持续演变，其核心始终围绕“公共性”建构——通过艺术的介入，使空间成为文化对话的场域，使公众成为艺术意义的共同生产者。这种超越政治属性的文化实践，在当代城市发展中扮演着重塑社会关系、激活公共精神的重要角色。

二、社区与公众

在公共艺术的理论框架中，社区与公众是一对互为依存的重要因素。

（一）公共艺术与社区：空间记忆的重塑者

公共艺术并非孤立的美学符号，而是深植于社区土壤的文化根系。它以社区公共空间为载体，通过雕塑、壁画、造景、装置等多元形式，将地域历史、集体记忆与生活场景转化为可感知的艺术语言。

上海田子坊的弄堂壁画便是当代实践的鲜活样本。艺术家深入调研居民口述史，在青砖黛瓦间绘制老裁缝铺、老虎灶等场景，甚至保留墙面自然形成的裂缝与苔藓，将岁月痕迹转化为艺术肌理。壁画中的旗袍女子剪影与现实中穿梭的游客形成时空对话，老匠人正在制作的竹编灯笼则与墙面彩绘中的传统纹样遥相呼应。这种沉浸式创作不仅复刻了老上海的市井生活，更构建起跨越代际的情感纽带——白发老人在画面前驻足讲述往事，青年晚辈则用手机拍摄上传社交平台，让社区空间成为承载集体记忆的立体相册。

这种创作逻辑打破了传统艺术的殿堂壁垒，使艺术成为社区身份认同的视觉化表达。在成都玉林西路，街头艺人与墙壁上的民谣主题涂鸦形成互动场域，吉他旋律与墙体彩绘共同编织出“音乐街区”的文化图景；在德国柏林米特区的废弃铁轨改造项目中，锈蚀的轨道与绿植雕塑共生，既纪念工业文明，又展现生态转型理念。当居民在街角看到以本地民俗为题材的装置艺术时，空间便不再是冰冷的物理场域，而转化为凝聚社区情感的精神地标。这种转变让公共艺术超越单纯的装饰功能，成为激活社区活力、促进公众参与的文化“催化剂”。

今天，人们需要对“社区”作一个更宽泛的定义，它不仅涵盖地理上的毗邻，更包括传统、历史和价值观的相似性，这些因素使人们成为一个共同体。我们必须承认“社区”是一直流动着的，在定义时一不小心便会局限于一时一地。社区性的参与和互动自然形成了行为的公共领域。只要社区与其公众都投入时间和精力，两者之间就能建立一种互利共赢的纽带关系，这也能促成更具包容性的信息交流平台。这种包容性是公共领域的基础，并不需要在公共艺术决策过程中达成共识。它意味着更多的人要在互为依存的公共场域中对公共艺术作品（即便是那些难以理解的作品）进行思考。

（二）公众参与：从观赏者到共创者的角色跃迁

在公共艺术的定义中，“公众”绝非被动的接受者，而是参与艺术生产的核心主体。这种参与性体现在创作全流程：在前期调研时，艺术家通过问卷、工作坊等形式收集公众诉求，如深圳大芬油画村的公共艺术项目，便以居民口述的打工故事为灵感来源；在创作过程中，社区居民可能直接参与材料收集或手工制作，如北京798艺术区的部分墙体涂鸦就留有周边居民的手绘痕迹；作品完成后的互动环节更让艺术持续生长，某些灯光装置会根据公众的手机指令变换色彩，形成“人—艺术—环境”的动态对话。这种参与机制消解了艺术创作的精英化特权，使公众从“旁观者”转变为艺术意义的共同建构者。

公众也不是消极的单一群体，而是由可以根据自身需求来“重塑”艺术的个体构成的集合。公共艺术不应被理解为一种强加的艺术存在，而是可以根据大众的日常生活和审美爱好进行调整与共生。因此，公共艺术作品有时也就变成了照片背景、聚集点和公共标志，以此强调现实世界和公共领域的不足。公众的力量不应该被轻视，他们往往见地深刻、固执己见又充满好奇，他们对艺术有强烈的求知欲。虽然这类观众并不像艺术家和公共艺术管理者想象中的那样太确定，但却有可能是真正主动、善于交流却又不大妥协的公共艺术观众。

（三）社会功能：艺术作为社区黏合剂

公共艺术对社区与公众的价值，更深刻地体现在社会关系的重构层面。在城市化进程中，钢筋水泥的建筑群容易造成邻里关系的疏离，而公共艺术恰能充当激活社区活力的催化剂。以广州红专厂的废旧机器艺术改造区为例，这里曾是堆满锈迹斑斑工业设备的废弃空间，经过艺术家的巧妙构思与改造，老旧机床被重塑成形态各异的雕塑，巨大的齿轮装置变成孩子们攀爬嬉戏的游乐场，废弃的厂房墙面绘满色彩斑斓的壁画。这些艺术化的改造，让原本冰冷的工业遗迹转化为居民日常交流的公共客厅，老人在此摆开棋盘对弈，孩童在装置间追逐欢笑，艺术以润物无声的方式消除了陌生人间的心理隔阂，使社区重新焕发出温暖的人文气息。

此外，公共艺术还具备文化赋权功能，成为大众群体发声的重要载体。在云南丽江的纳西族社区，艺术家们以传统东巴文化为灵感，创作了一系列图腾柱艺术作品，将古老的象形文字、神话传说通过雕刻与彩绘的形式展现出来，不仅让本民族的文化精髓得以传承，也吸引了大量游客驻足了解，使纳西文化在现代社会获得更广泛的传播。上海虹口区的多伦路，这条不足500米长的狭窄街道承载着深厚的历史底蕴。多伦路曾是文化名人鲁迅、茅盾等人聚集的场所，同时也是左翼作家联盟的活动基地，留有深厚的历史印迹。如今，漫步在这条小街上，其融合了中西风格的建筑和设计展现了从过去到现在不同年代的建筑艺术与设计理念，成为历史与现代的交汇点。这些作品通过视觉化的身份表达，让大众群体的文化诉求获得公共展示空间，打破主流文化对城市景观的单一叙事，使多元文化在城市景观中确立自身的存在价值。这种“艺术介入社区”的模式，本质上是通过审美体验构建社会共识的过程，它让不同背景的居民在艺术的感召下，重新建立起对社区的认同感与归属感，共同书写城市文化的丰富篇章。

三、公共艺术的时间性

时间性是海德格尔《存在与时间》一书的中心论题，他认为一切存在论问题的中心提法都植根于正确看出了的和正确解说了的时间现象以及它如何植根于这种时间现象，甚至任何一种存在之理解都必须以时间为其视野。在海德格尔看来，时间性是所有存在的本质。公共艺术作为一种与城市空间、社会文化紧密相连的艺术形式，其时间性体现在多个维度，既关乎作品本身的存续周期，也涉及与时代语境、公众记忆的互动关系。

（一）物理存在的历时性：材质与时间的博弈

许多公共艺术作品以建筑、雕塑等实体形态嵌入城市空间，其材质的耐久性与环境的侵蚀作用形成时间博弈。如古罗马的青铜雕塑历经千年氧化，表面形成的铜绿成为时间镌刻的肌理——帕特农神庙东侧山墙的浮雕，因海风与酸雨侵蚀，原本棱角分明的神祇衣褶变得柔和起伏，仿佛在无声地诉说着古希腊文明与自然力量的对话；中国龙门石窟的佛像群像，在千余年的风化中，面部细节逐渐模糊，却在斑驳中沉淀出庄严肃穆的历史厚重感。

而当代一些以数字投影、互动装置呈现的公共艺术，又因技术迭代面临存续挑战。某处街头的增强现实（Augmented Reality，AR）艺术作品，曾借助智能手机为行人呈现奇幻光影，但随着操作系统更新与硬件淘汰，三年后便因程序不兼容而消失；某商业广场的互动感应装置，因芯片老化和算法过时，从最初灵动的光影应答沦为静默的金属框架。这种物理层面的时间痕迹，让作品成为城市变迁的物质见证。当钢铁在风雨中锈蚀，形成暗红色的斑驳铠甲；当石材被岁月打磨出温润的光泽，如同被时光之手反复摩挲的古老书页，这些物理变化不仅是自然力量的印记，更是公共艺术在时间长河中留下的独特轨迹。

（二）文化语境的投射：时代精神的视觉文本

从文化语境看，公共艺术的时间性是时代精神的投射。不同历史时期的公共艺术承载着特定的社会价值观：明清时期，江南园林里的砖雕、木雕作品，常常雕刻着“二十四孝”等传统故事，传递着当时主流的伦理道德观念；改革开放初期，城市街头竖起的不锈钢雕塑，以流畅的线条和现代造型，展现出社会对创新发展的追求；进入21世纪，许多城市出现的环保主题艺术装置，则通过对废旧材料的再利用，体现公众对生态文明的重视。

这种随时间流动的主题嬗变，使作品成为解读时代的视觉文本。以成都春熙路国际金融中心的“熊猫爬墙”雕塑为例，2014年落成时，憨态可掬的大熊猫形象不仅展现了四川的地域特色，更象征着城市商业活力的蓬勃发展。随着时间的推移，这只巨型熊猫逐渐成为市民和游客的打卡胜地，承载着人们对城市记忆的共同情感。每逢重要节日，它还会“穿上”不同主题的装饰，在传承与创新中不断赋予新的文化内涵。

再如，北京798艺术区的各类雕塑和装置作品，从老厂房改造初期充满叛逆精神的涂鸦，到如今融合科技与艺术的互动展品，见证了我国当代艺术走向主流的历程。这些公共艺术作品就像时代的镜子，映照着社会的发展变迁，等待着后来者去解读其中蕴含的时代精神与社会思潮。

（三）与公众记忆的互动：集体记忆的锚点

公共艺术与公众记忆的互动更深化了时间性的内涵。当作品长期存在于公共空间，便会融入市民的日常生活轨迹——街角的雕塑可能成为情侣约会的地标，广场的装置艺术可能见证孩童的成长，这种情感联结让艺术作品超越物质形态，成为集体记忆的锚点。上海外滩的陈毅广场的雕像自1993年建成后，便与黄浦江畔的日出日落、潮起潮落相伴，承载着老上海人的怀旧情怀，也成为新市民了解城市历史的窗口。日本直岛的地中美术馆，通过建筑与自然光影的时间性对话，使参观者在不同季节、时辰的体验中，感知艺术与时光的共舞。在这些与公共艺术相伴的日常瞬间中，时间不再是抽象的概念，而是化作了具体可感的情感与记忆。

（四）哲学思考：永恒与短暂的辩证

公共艺术的时间性还隐含着对永恒与短暂的哲学思考。有些作品追求跨越时空的经典性，如米开朗琪罗的《大卫》雕像；另一些则以“临时性”为创作理念，如克里斯托夫妇的包裹艺术，其存在周期本身就是作品的组成部分。这种对时间维度的主动探索，在数字时代催生出更多元的表达形式。墨西哥艺术家拉斐尔·洛扎诺－亨默的

《身体电影》利用实时投影技术，将观众的动态轮廓转化为随时间消散的光影，使公共空间成为生命轨迹的瞬时档案馆；丹麦艺术家奥拉维尔·埃利亚松的《天气计划》，以人造太阳装置在泰特现代美术馆营造出黄昏幻境，观众的短暂驻足与集体凝视，共同编织出只属于特定时段的集体记忆。这些作品如同时间的棱镜，将永恒与短暂的辩证关系折射为具象的艺术语言，使公共艺术成为叩问人类存在本质的动态媒介。在混凝土森林的缝隙里，这些艺术实践如同哲学课的露天课堂，邀请每个匆匆过客驻足，在光影交错间触摸生命的短暂与精神的永恒。

（五）创作中的时间运用：艺术家的时空叙事

从创作角度看，艺术家对时间性的自觉运用丰富了公共艺术的表达。这种对时间维度的探索，打破了传统公共艺术静态呈现的桎梏，让艺术作品与时间产生深度对话。有的作品以“慢时间”为创作逻辑，将时间本身作为创作材料，如英国艺术家理查德·朗用数年时间在荒野中铺设石子路径。他的创作过程没有固定的完成节点，随着季节更迭、风雨侵蚀，自然力量持续参与作品的时间塑造，路径的形态不断发生变化，每一次到访者都能见证作品新的生长。而有的艺术家则捕捉“瞬间”，以短暂的爆发力构建永恒的视觉记忆，如蔡国强的爆破艺术，在火光绽放的刹那间完成公共空间的视觉叙事。火药的燃烧、烟雾的升腾、色彩的迸发，这些转瞬即逝的动态元素在瞬间凝固，将时间的张力与空间的震撼完美融合。这种对时间节奏的操控，使公共艺术成为流动的时空诗篇。艺术家们通过对时间的不同运用方式，赋予公共艺术独特的艺术魅力与叙事能力，让公共艺术在时间的长河中不断焕发新的生命力，也为观众带来多元且深刻的审美体验。

当我们在城市中邂逅一件历经岁月的公共艺术作品，不仅是与一件艺术品相遇，更是与一段历史、一种记忆、一群人的时光轨迹对话。这种跨越时间的精神联结，让公共艺术超越装饰功能，成为建构城市文化认同的时空纽带。理解公共艺术的时间性，或许能让我们在快速变迁的现代社会中，找到一处安放集体记忆的精神坐标。在人与公共艺术的时间对话中，城市的文化认同得以不断建构与强化，成为连接过去、现在与未来的重要桥梁。

第二节　公共艺术的起源与发展

如果以人们对于公共艺术最基本的理解来定义它的话，公共艺术的萌发可以追溯到远古时期。这些艺术作品一定是为广大受众而创造，为吸引他们的关注而放置在某处，其意在提供一种启发性、纪念性或是娱乐性的艺术体验，通过被广泛理解的内容来传达公共信息。在艺术和公众的日常互动中，它在其所构建的语境里不断强化其设定的观念，如数量惊人的描绘古代统治者的雕塑作品和标榜王朝功绩的凯旋拱门，其目的是增强自信和激发忠诚。然而，古代社会的这些公共艺术虽然也具有一定程度的“公共性”，但它们与今天意义上的“公共性”是两回事，它们服务的主要是当时的统治阶层，为大众而不是统治阶层服务的真正意义上的公共艺术是近代社会才逐渐发展起来的概念。因此，古代社会的公共艺术，姑且可以称为“前公共艺术”。

一、西方公共艺术的起源与发展

（一）古代：实用与象征的融合

在人类文明曙光初现的时期，公共艺术便以实用功能与精神象征交织的形态萌芽。古埃及第四王朝胡夫金字塔群不仅是法老的永生居所，而且其内部走廊的星图浮雕与外部方尖碑的太阳崇拜纹饰，通过10万余块巨石的精确堆砌，构建起“地上神国”的视觉叙事——哈夫拉金字塔前的狮身人面像以20米高的体量，将法老面容与太阳神象征融合，成为尼罗河畔最早的公共空间精神图腾。两河流域的新巴比伦王国时期，尼布甲尼撒二世为王后修建的空中花园，据古希腊历史学家狄奥多罗斯记载，其采用拱顶石柱支撑的多层平台结构，每层种植热带植物并配备螺旋式水渠灌溉系统，藤蔓植物沿墙体垂落形成“绿色幕墙”，这种将水利工程与园林艺术结合的形式，堪称古代公共空间的生态艺术实验。古希腊雅典卫城的公共艺术体系更具系统性，帕特农神庙东三角楣上的《雅典娜诞生》浮雕，以高浮雕技法刻画100余个人物动态，中楣的《泛雅典娜节游行》则以连续叙事长卷展现公民社会生活；而卫城山门的多立克柱廊与胜利神庙的爱奥尼柱式形成风格对话，共同构成公民参政前的精神洗礼空间，这种建筑、雕塑、装饰三位一体的公共艺术模式，成为西方古典公共艺术的范本。

（二）中世纪：宗教精神的具象表达

中世纪的公共艺术以基督教神学为内核，发展出极具象征主义的视觉体系。法国沙特尔大教堂的玫瑰窗直径达13米，用1000余块彩色玻璃拼贴《圣经·启示录》中的末日审判场景，阳光透过时在中殿地面投射出流动的光影经文，使信徒在物理空间中体验“上帝之光”的隐喻。德国瑙姆堡大教堂的《创建者像》突破宗教程式化束缚，以写实手法塑造教堂捐建者埃克哈德与乌塔夫妇的肖像，男士佩剑的细节与女士褶皱的衣纹，将世俗人物纳入宗教公共艺术体系，成为中世纪晚期人文意识觉醒的先声。教堂外部的滴水嘴兽更形成独特的公共艺术语言——巴黎圣母院的“奇美拉”滴水嘴兽以山羊身体、鹰爪与毒蛇尾的组合，既有排水防侵蚀的实用功能，又通过《怪兽志》中的怪物形象警示世人“驱邪避恶”；而亚眠大教堂的滴水嘴兽甚至被雕刻成读书修士形象，在宗教威慑中融入幽默气息，这些石砌怪物成为市民仰望教堂时的视觉趣味点，构建起宗教艺术与世俗观者的隐秘对话。

（三）文艺复兴时期：人文精神的觉醒与绽放

文艺复兴时期的公共艺术完成了从“神权叙事”到“人性表达”的范式转换。佛罗伦萨市政广场的《大卫》雕像原计划置于圣母百花大教堂屋顶，米开朗琪罗却将其安放在市政厅前：4.1 米高的大理石巨像摒弃传统大卫战胜歌利亚后的凯旋姿态，而是捕捉投石前的瞬间张力——青筋暴起的右手、紧绷的腿部肌肉与凝视远方的眼神，将《圣经》故事转化为公民英雄的人格象征。雕像基座后来添加的青铜浮雕《大卫与歌利亚》，更以浅浮雕技法补充叙事，使单件雕塑形成公共空间的叙事场域。威尼斯圣马可广场的钟楼机械钟堪称文艺复兴时期技术美学的典范：钟面上方的青铜摩尔人雕像每小时以锤击钟响报时，钟面两侧的“时间三女神”雕像随指针转动变换姿态，而钟楼顶部的金色天使风向标则实时呼应海风，这种将天文历法、机械装置与雕塑艺术相结合的公共艺术形式，使时间的抽象概念转化为可视可感的公共体验。同一时期布鲁内莱斯基设计的佛罗伦萨育婴院拱廊，以连续的科林斯柱廊与圆形花窗构成公共立面，其底层开放式拱券为市民提供遮阳避雨的休憩空间，这种“艺术化城市家具”的设计理念，开创了公共艺术与城市生活融合的先河。

（四）19 世纪：城市发展中的艺术介入

工业革命推动下的公共艺术成为重塑城市身份的文化工具。巴黎协和广场的方尖碑（1836 年从埃及卢克索运来的 23 米高花岗岩方尖碑），与广场四周象征法国主要河流的喷泉雕塑形成“文明对话”叙事；而星形广场的凯旋门内圈刻有 1842 块拿破仑战争时期的战役浮雕，其顶部平台可 360 度俯瞰巴黎放射状大道，这种将纪念性艺术与城市规划相结合的方式，使公共艺术成为构建国家认同的空间媒介。伦敦特拉法加广场的设计更具社会学考量：1843 年落成的纳尔逊纪念柱以 51 米的高度统领空间，柱基四周的青铜浮雕《特拉法加海战》采用“全景式叙事”，市民可近距离地观看战舰甲板上的士兵细节；而广场四角的狮子雕像（1868 年添加）故意降低基座高度，使儿童也能攀爬互动，这种“纪念性与亲民性”的平衡设计，开创了公共艺术的多元功能模式。美国纽约中央公园的设计则将自然景观转化为公共艺术——奥姆斯特德与沃克斯 1858 年规划的“翡翠项链”中，弓形石桥的拱券采用天然石材拼贴，湖岸线模拟哈德逊河的自然曲线，这种“艺术化自然”的理念，使城市公园成为工业时代的公共艺术新载体。

（五）20 世纪：多元形式与观念革新

20 世纪公共艺术的先锋性突破了材质与空间的边界。装饰艺术运动时期，纽约克莱斯勒大厦的不锈钢尖顶并非单纯装饰——其表面的放射状棱线模仿汽车散热器格栅，顶部的鹰首滴水嘴兽以工业冲压工艺制成，将汽车工业美学与哥特元素相融合，使摩天大楼成为“机械时代的大教堂”。波普艺术家奥登伯格 1969 年创作的《棒球手套》（纽约联邦广场）以 10 米高的帆布与金属框架构建日常物品的巨像，手套内部填充海绵形成柔软质感，与冰冷的政府大楼形成材质对比；而他 1976 年的《汤匙桥与樱桃》（明尼阿波利斯）将厨房用具转化为湖面装置，樱桃倒影与不锈钢汤匙的弧线构成超现实画面，这种“日常物的崇高化”彻底颠覆了公共艺术的严肃性。大地艺术家克里斯托夫妇 1983 年的《包裹岛屿》项目更具震撼力：他们用 60.3 万平方米的粉红色聚丙烯织物包裹迈阿密比斯坎湾的 11 个岛屿，织物随海风起伏形成流动的大地肌理，航拍视角下宛如漂浮的粉色睡莲，项目持续两周吸引 50 万观众，开创了“临时性公共艺术”的概念。互动性公共艺术的代表芝加哥千禧公园《云门》由 168 块不锈钢板无缝焊接而成，其曲面反射的城市天际线因观众移动而扭曲变形，底部的“豆脐”凹陷形成哈哈镜效果，据统计，每年有 250 万游客在此拍照，使艺术作品成为社交媒体时代的公共记忆发生器。

业界一般认为，作为一个当代文化概念的“公共艺术”出现于 20 世纪 60 年代的美国。根据凯斯特在他的《艺术与美国的公共领域》中的观点，严格意义上的“公共艺术”必须具备三个特点：第一，它是一种在法定艺术机构以外的实际空间中的艺术，即公共艺术必须走出美术馆和博物馆；第二，它必须与观众相联系，即公共艺术要走进大街小巷、楼房车站，和最广大的人民群众打成一片；第三，公众赞助艺术创作。“公共艺术”也有其自相矛盾的两面性：它既要体现集体意志，调和公众的审美需求，又要体现作为艺术家个人行为的“艺术”的独特性与审美价值。

有的学者认为，直到后现代主义时期，真正的公共艺术才崭露头角。现代主义那种古典主义精英式艺术开始消解，艺术开始庸俗化、生活化、平民化，并且越来越强调与公众的交流和互动；并且进入后现代之后，一系列社会问题，诸如民族、性别、生态保护等都成为艺术关注的焦点，艺术开始表现出更多的人文关怀。例如，奥登伯格创作了一系列环境雕塑，他将日常生活用品放大到纪念碑式的体量，将其放置在公园、广场、学校中，不仅体现了消费时代的文化特征，而且极具亲和力，易于与观众产生互动。

进入 20 世纪八九十年代，早期的抽象艺术家们逐渐转向观念艺术、行为艺术、表演艺术以及大地艺术，并且，行为艺术以其高度的互动性和观念性正日益取代传统公共艺术的地位。同时，艺术家们参与到公共设施的建设与设计中，将艺术理念灌输到百货大楼、水电站、废品回收站等公共建筑中，这在某种程度上将公共艺术的文化内涵与设计艺术的实用性相结合，正日渐成为公共艺术的主要走向。我们可以看到，公共艺术的前景是远大而乐观的，而真正优秀的公共艺术必然是既具备艺术价值与文化内涵，又符合公共意志与人民需求的艺术。

二、我国公共艺术的起源与发展

（一）萌芽期：从实用到审美（先秦至唐宋时期）

我国公共艺术的雏形可追溯至先秦时期，青铜器上的饕餮纹、窃曲纹等纹饰，虽最初服务于祭祀礼仪，却已具备公共空间中的视觉传达功能。如商代后母戊鼎上的兽面纹，以威严的造型在祭祀场合传递权力象征，这是艺术与公共功能的早期结合。

秦汉时期，陵墓雕刻成为公共艺术的重要载体。秦始皇陵兵马俑以千军万马的磅礴阵列，在地下空间构建起宏大的公共艺术场景，每个陶俑的面部表情、服饰细节都精雕细琢，既体现皇权对死后世界的规划，也成为凝聚社会认知的视觉符号。

唐宋时期，公共艺术向城市生活延伸。唐代长安城的朱雀大街两侧，分布着大量壁画与雕塑，描绘着市井生活与神话故事。如章怀太子墓中的《客使图》壁画，虽位于墓室，却通过对外宾形象的刻画，展现了大唐开放包容的国际视野，这种墓室艺术在某种程度上也具有公共叙事的属性。宋代《清明上河图》所描绘的汴河两岸，店铺幌子、桥梁栏杆等细节，实则是城市公共空间中艺术化的生活场景，酒楼的雕梁画栋、街边的雕塑小品，都让艺术融入了日常公共生活。

（二）发展期：宗教与世俗的交织（元明清时期）

元代，宗教公共艺术蓬勃发展。北京妙应寺的白塔，以藏传佛教的建筑形制矗立在城市中，洁白的塔身、挺拔的造型，成为当时市民视觉认知中的地标性公共艺术作品。塔身的浮雕纹饰、塔基的雕刻，既服务于宗教传播，又以艺术形式美化了公共空间。

明清时期，园林艺术将公共艺术推向新高度。苏州拙政园中的“与谁同坐轩”，其扇形窗棂、亭榭造型，巧妙借景周边山水，使建筑本身成为园林公共空间中的艺术焦点。颐和园的长廊位于万寿山与昆明湖之间，全长 728 米，是我国古建园林中最长的游廊，几乎所有梁枋的表面都有丰富多彩的绘画，人物、花鸟、山水、建筑……题材广泛，数量总计达到 8000 多幅，包含着极为丰富的历史文化和艺术特色，不仅巧妙地反映了我国悠久的历史文化，也是历代工匠经验和智慧的结晶。此外，徽州古村落的牌坊群，如西递村的胡文光刺史牌坊，以精美的石雕记录家族荣耀，牌坊上的龙凤图案、人物故事，既是家族历史的公共展示，也是乡村公共空间中的艺术标识。

（三）现代转型：从传统到多元（20世纪初至当代）

20世纪初，随着城市近代化进程，公共艺术开始出现新形态。上海外滩的建筑群，虽有着浓厚的时代印记，但其建筑立面的浮雕、柱式等艺术元素，构成了城市滨水公共空间的视觉景观，成为上海近代城市形象的重要标志。广州的中山纪念堂，将中式屋顶与西式建筑结构相结合，堂前的雕塑与建筑立面的装饰，既纪念历史人物，又成为城市公共空间中的艺术符号。

改革开放以后，公共艺术迎来了多元化发展。深圳的“孺子牛”雕塑，以拓荒牛的形象象征特区精神，矗立在市政府广场前，成为深圳城市文化的公共标识。北京798艺术区，将废弃的工厂厂房改造为艺术展览空间，墙壁上的涂鸦、厂区内的装置艺术，让工业遗产转化为充满活力的公共艺术场域，吸引着市民与游客参与互动。在上海的“城市空间艺术季”中，艺术家在杨浦滨江老工业地带创作的《塔吊记忆》装置，利用废旧塔吊构件组合成艺术作品，既保留了工业历史记忆，又为滨江公共空间增添了艺术气息。

当代中国公共艺术更强调参与性与在地性。成都的“东郊记忆”艺术区，在旧工厂基础上，将车间改造为展览场馆，室外空间布置各种互动艺术装置，如巨大的音乐键盘地面，市民可以踩踏演奏，让艺术从观赏走向体验。杭州西湖边的“湖滨晴雨”公共艺术项目，通过灯光、雕塑与自然景观的结合，在夜晚营造出梦幻的公共艺术场景，游客可以在湖边漫步欣赏，感受艺术与自然的融合。

从古代的青铜器、陵墓雕刻，到现代的城市雕塑、装置艺术，我国公共艺术始终围绕公共空间的需求演变，以通俗易懂的形式融入生活，成为记录时代、凝聚文化的重要载体。

三、当代公共艺术的发展

现代意义的“公共艺术”作为一个独立的名词及公共政策发端于美国。自从20世纪30年代罗斯福总统推行“新政”到50年代的百分比公共艺术政策的出现，这段时期可视为美国公共艺术的萌芽期。它是随着国家艺术基金会和公共服务管理局倡导的诸如“艺术在公共领域”“艺术在建筑领域”“艺术百分比”计划等活动而产生的。美国在20世纪五六十年代开始全面推动公共艺术，经过半个多世纪的发展，已成为世界上公共艺术的重要中心。

20世纪60年代，美国社会处于剧烈的变革时期，人们对社会公平、民主等问题高度关注。同时，经济的发展和城市化进程的加速，为公共艺术的发展提供了物质基础和空间载体。在这样的背景下，政府开始重视公共艺术在社会中的作用，希望通过公共艺术来塑造国家形象、促进社会和谐。1967 年，国家艺术基金（National Endowment for the Arts，NEA）设立了“公共场所艺术项目”（Art-in-Public-Places，A-i-P-P），这一项目旨在将艺术作品放置在公共空间中，让更多的民众能够接触和欣赏艺术。

此外，“艺术百分比”计划的推行，要求在政府公共建筑的建设预算中提取一定比例的资金用于购买或委托创作艺术作品，使艺术成为公共建筑的一部分。例如，许多城市的政府大楼、学校、公园等公共设施中都开始出现了各种艺术作品，包括雕塑、壁画等。

这一时期的公共艺术具有较强的官方色彩，强调艺术与公共空间的结合以及艺术对公众的可接近性。它不仅为艺术家提供了更多的创作机会和展示平台，也让公众在日常生活中能够频繁地接触到艺术，提升了公众的艺术素养和审美水平。同时，公共艺术也成了城市景观的重要组成部分，为城市增添了文化氛围和艺术魅力。

到了 20 世纪七八十年代，随着社会的发展，美国社会的多元化特征日益明显，不同性别、阶层的人们对文化和艺术的需求也呈现出多样化的趋势。后现代主义思潮的兴起，对传统的艺术观念和创作方式产生了巨大的冲击，公共艺术也受到了后现代主义的影响。公共艺术的形式更加多样化，除了传统的雕塑和壁画外，装置艺术、行为艺术、大地艺术等新兴艺术形式也开始在公共空间中出现。例如，克里斯托和珍妮·克劳德的《连续的围栏》，长达 38.4 千米，横跨美国加利福尼亚州的农田，以其宏大的规模和独特的艺术形式引起了广泛关注。艺术家们开始更加注重与公众的互动和交流，鼓励公众参与到公共艺术的创作和体验中来。一些公共艺术项目通过举办工作坊、讲座等活动，让公众了解艺术创作的过程，甚至邀请公众共同参与创作。例如，在一些社区艺术项目中，居民们可以参与到壁画的绘制中，表达自己对社区的情感和期望。

此后，城市建设不断推进，为公共艺术的发展提供了更加广阔的空间。同时，社会对文化多样性的尊重和包容性不断提高，多元文化主义成为社会的主流思潮之一。公共艺术作品中越来越多地体现出多元文化的元素，不同地区和民族的艺术家纷纷通过公共艺术来表达自己的文化传统和身份认同，这些作品不仅丰富了公共艺术的文化内涵，也促进了不同文化之间的交流和融合。公共艺术开始关注社会问题，如环境保护、种族关系、性别平等、城市贫困等。艺术家们通过作品来传达自己对这些问题的思考和关注，引发公众的共鸣和讨论。例如，一些艺术家通过创作关于环境污染的装置艺术，呼吁人们关注环境保护问题；还有一些作品关注城市中的弱势群体，如无家可归者等，以唤起社会对他们的关注和关爱。

从 20 世纪 80 年代开始，英国的一些城市和乡镇进行重建和社会环境改造，一些从事公共艺术的机构应运而生，出现了诸如“公共艺术发展信托机构”“艺术天使信托机构”“公共艺术委托代理机构”等，开展公共艺术的代理和相关活动。英国甚至还出现了对公共人行道和环境进行保护的国家机构组织——“乡村委员会”，这个组织计划在英格兰以及沿伦敦的泰晤士河和路堤的小道上建造雕塑。

德国于1973年提出“公共空间艺术”的概念，并且后来为各地适用，成为一种新的文化政策。为了让公共艺术真正具有公众物质与文化教育功能，其强调公共艺术的地点应该选择在美学匮乏的地区，如需要更新的老工业区或新开发地区，以及在街道、公园、学校等地方实施，并由文化局官员、艺术咨询委员会及地区代表组成咨询委员会。他们还制订了一系列让居民参与创作的计划，如有艺术家利用两年时间邀请小学生利用废砖和马赛克塑造小型城堡，既有娱乐性，又有艺术性，同时还强调了环保的观念。

德国柏林在1978年9月通过新的公共艺术办法，该办法具有相当的强制性，如任何公共建筑，包括景观、地下工程等都需预留一定比例的公共艺术经费。除建筑物的百分比的经费外，政府每年也需要拨一笔基金作为“都市空间艺术经费”，与公共艺术委员会共同决定公共艺术的设置地点、目标任务以及施行办法等。1979年以后，柏林每年有二三百万马克经费得以运用，每年进行不同地点、大规模的公共艺术征稿和竞赛活动。例如，1979年的夏日公园雕塑竞赛；1981年的喷泉设计竞赛；1984年以后，为了迎接1987年柏林750岁生日，更是投入450万马克举办雕塑创作及“雕塑大道”活动，其计划是沿市中心库坦大道放置雕塑，以强化柏林的欧洲大都会的形象。

从20世纪80年代中期开始，日本企业对于建筑周边的环境、绿化也有大量的投资。日本政府在城市公共艺术的设立和社区公共环境的管理方面，还有非常详细的规定，如在公共空间，供人们方便的饮用水、时钟、座椅、照明灯具、公用厕所、社区布置的指示牌、告示牌、公用电话亭等是必备的。在其性能、安全和维护方面，也作出了明确的责任规定。

我国公共艺术在当代得到了更为迅猛的发展，一方面是由于中国城市化的进程，城市公共空间的建设得到了越来越多的重视，为公共艺术创作提供了更多的空间和展示平台；另一方面，是得益于科技的进步，当代公共艺术已经不再局限于传统材料和形式，包括雕塑、壁画、装置艺术等形式，还有数字艺术、影像艺术等新兴艺术形式，大大拓展了公共艺术的表现方式，使公共艺术作品更富有创意和活力。

我国当代公共艺术作品多样化，涵盖了对自然、历史、文化、社会等众多议题的表达，体现了艺术家对时代的观察和思考。在城市空间中，公共雕塑作品既有传统的人物雕塑、形象雕塑，又有抽象雕塑、现代雕塑等，而壁画作品既有传统的艺术，又有现代的创新，如街头涂鸦艺术、城市彩绘等。这些作品不仅丰富了城市的文化内涵，也对城市的品位和形象产生了积极影响。

第三节 公共艺术的类型与功能

艺术史往往被视作一部风格演变史，而公共艺术的发展史则更贴近大众意志的视觉表达史。学界对公共艺术的基本准则通常这样阐释：作品以最大范围受众为创作原点，其空间置放逻辑旨在吸引公众目光，核心功能在于提供兼具启发性、纪念性或娱乐性的审美体验，且传递的信息需符合大众认知逻辑的通俗性。

然而，在艺术史书写中，公共艺术常陷入“现实还原与夸张处理”的创作窠臼——战争纪念碑的肃穆群像、纪念肖像的典型塑造，或是现代主义的极简抽象体，这些范式虽呈现出得体的崇高感，具备清晰易懂的传播优势，却难免落入缺乏创新的程式化陷阱。

值得关注的是，即便在公共艺术的传统范式内，仍有艺术家突破公式化创作桎梏，以先锋姿态挑战并拓展传统边界，敏锐捕捉“公众”与“私人”概念之间的动态关系。他们以更具平民主义精神的艺术态度，创作出两类极具突破性的作品：一类以“消隐”的姿态深度融入社会语境，其日常化的呈现方式常让观者忽略其“艺术”的身份界定，却在细微处以润物无声的方式渗透审美影响；另一类则以强烈的视觉张力形成场域主导权，拒绝被环境所消解，以极具侵略性的表达迫使公众投注目光。

探讨公共艺术的类型与功能具有重要的意义。从城市建设的角度来看，公共艺术是城市形象的重要组成部分。优秀的公共艺术作品，能够成为城市的标志性景观，提升城市的知名度和美誉度。例如，巴黎的埃菲尔铁塔最初作为一座临时性的建筑，如今已成为法国的标志性建筑，它独特的造型和艺术价值吸引着全球游客前来观赏。从文化传承的角度来说，公共艺术承载着一个城市或地区的历史和文化记忆，许多公共艺术作品以当地的历史事件、文化传统为主题，通过艺术的形式将这些宝贵的文化遗产展现给公众，让人们在欣赏艺术的同时，也能深入了解本土文化，增强文化认同感和归属感。公共艺术还具有重要的社会功能，它能够促进公众之间的交流与互动，营造和谐的社会氛围，提升公众的审美素养和文化品位。

一、作为纪念碑的公共艺术

在传统的公共艺术中，纪念碑是可以代表一个国家价值观的重要形式。纪念碑的建立旨在弘扬相应的歌颂、纪念之情，通过明喻或暗喻的方式来传达信息。它们通常是纪念军事胜利或者颂扬英雄的展现实体，用于表达缅怀之思。它们的基调大多以欢庆或胜利为主，抑或哀悼战争或疾病带来的痛苦，抑或回顾悲剧或重大事件。

回溯至古代，众多纪念碑式的公共艺术作品便已肩负起铭记历史重大事件以及彰显英雄人物丰功伟绩的神圣使命。以纳拉姆辛石碑为例，这块约公元前2250年的红砂岩石碑，高约2米，它以一种庄重而肃穆的姿态，为纪念纳拉姆辛征战胜利而制作的。浮雕采用垂直叙事结构，以国王纳拉姆辛为视觉中心，其身形比例被刻意放大至普通士兵的两倍高度，头戴象征权力的角状饰物。艺术家通过人物阶梯式排列形成上升动势，士兵持矛攀登山坡的动态与下方敌人跌落姿态形成强烈对比，强化征服者的威严感。其雕刻工艺精湛绝伦，生动地展现了战争的宏大场景以及纳拉姆辛英勇无畏的雄姿，使后人能够透过它，一窥那个战火纷飞时代的风云变幻，感受到历史的厚重与沧桑。又如古罗马时期（约公元13年）为纪念图拉真皇帝征服达吉亚人胜利而建造的图拉真纪功柱。柱身上螺旋状的浮雕带细致入微地描绘了战争的全过程，从军队的出征、激烈的战斗厮杀，到最终的凯旋，每一个场景都栩栩如生。它不仅是对图拉真皇帝卓越军事才能和伟大功绩的高度颂扬，更是古罗马帝国辉煌历史的有力见证，成为古罗马文明的标志性象征之一。

在我国，纪念碑式的公共艺术同样源远流长。都江堰李冰像，作为我国古代具有纪念意义的重要雕塑，承载着人们对李冰治水功绩的敬仰与缅怀之情。秦国蜀郡太守李冰任职期间，凭借非凡的智慧和卓越的才能，带领民众修建了举世闻名的都江堰水利工程，成功根治岷江水患，化害为利，使成都平原从此成为“天府之国”。随着时间的推移，东汉灵帝时期雕刻的李冰等三人的石雕像，逐渐演变为人们纪念李冰治水功绩的精神寄托，成为我国古代水利文化的象征。而秦汉时期的画像石、画像砖，以其独特的艺术形式，记录了诸如古代帝王圣贤、忠臣义士等题材的故事，如荆轲刺秦王、赵襄子忠烈等。这些作品不仅是对历史人物和事件的生动描绘，更是当时社会价值观和文化精神的集中体现，它们在一定程度上承担了纪念碑式的纪念与教育功能。

这些古代的纪念碑式公共艺术作品，宛如一座座历史的丰碑，矗立在岁月的长河中。它们以直观而形象的艺术语言，将那些重要的历史事件和英雄人物的事迹永久地铭刻下来，使后人能够跨越时空的界限，与历史进行对话。它们不仅是艺术创作的杰出成果，更是传承民族精神和文化记忆的重要载体。通过这些作品，我们能够深刻地感受到先辈们的智慧、勇气和坚韧不拔的精神，它们激励着我们在当今时代不断奋进，传承和弘扬优秀的传统文化。

在当代社会，纪念碑式的公共艺术依然散发着独特而迷人的魅力，发挥着不可替代的重要作用。以人民英雄纪念碑为例，它屹立于北京天安门广场的中心位置，庄严肃穆，气势恢宏。这座纪念碑是为纪念在人民解放战争和人民革命中牺牲的人民英雄们而建，其碑身正面镌刻着“人民英雄永垂不朽”八个镏金大字，背面是由毛泽东主席起草、周恩来总理题写的碑文，详细记载了从1840年鸦片战争到1949年中华人民共和国成立这100多年间，中国人民为了民族独立、人民解放而进行的英勇斗争历程。碑座四周镶嵌着10幅巨型汉白玉浮雕，生动地展现了虎门销烟、金田起义、武昌起义、五四运动、五卅运动、南昌起义、抗日游击战争、胜利渡长江等重大历史事件，每一幅浮雕都仿佛是一部凝固的历史，将那段波澜壮阔的革命岁月鲜活地呈现在人们眼前。人民英雄纪念碑已然成为中华民族不屈精神的象征，它时刻提醒着人们要铭记历史，珍惜现在来之不易的和平生活，激励着中华儿女为实现中华民族伟大复兴的中国梦而努力奋斗。

随着时代的飞速发展，当代纪念碑式公共艺术在传承传统的基础上，不断开拓创新，在形式、材料和主题表达等方面呈现出焕然一新的面貌。

在形式上，当代纪念碑式公共艺术不再局限于传统的单一造型和表现手法，而是积极汲取现代艺术的多元理念和创新元素，大胆尝试各种新颖独特的形式，以满足当代社会公众日益多样化的审美需求。例如，一些纪念碑式公共艺术作品巧妙地运用了抽象的艺术语言，通过简洁而富有张力的线条、独特的空间构造和富有想象力的造型，传达出深刻的精神内涵。这些抽象作品摒弃了对具体形象的细致描绘，转而以一种更为含蓄、隐晦的方式激发观众的联想和思考，使观众能够根据自己的生活经验和情感体验，对作品进行个性化的解读，从而在艺术欣赏中获得更为丰富和独特的审美感受。还有一些作品打破了传统雕塑的静态模式，引入了动态元素，如利用机械装置、风力、水力等自然力量，使雕塑能够产生动态变化，与周围环境形成互动。这种动态雕塑不仅为公共空间增添了一份灵动与活力，更让观众在欣赏过程中感受到时间、空间和运动的交织之美，极大地拓展了纪念碑式公共艺术的表现维度。

材料的创新也是当代纪念碑式公共艺术发展的一大显著特征。现代科技的迅猛发展为艺术家们提供了丰富多样的新型材料选择，这些新材料不仅具有独特的物理性能和质感，还为艺术创作带来了更多的可能性。不锈钢、玻璃、碳纤维等工业材料因其坚固耐用、光泽度高、可塑性强等特点，逐渐成为当代纪念碑式公共艺术创作的常用材料。不锈钢材质的镜面效果能够反射周围的环境，使雕塑与周围空间融为一体，营造出一种虚幻而奇妙的视觉效果；玻璃材料的透明性和光影折射特性，则赋予了作品一种轻盈、灵动的美感，使其在不同的光线条件下呈现出丰富多变的色彩和形态；碳纤维材料的高强度和轻量化特性，为创作大型、复杂造型的雕塑提供了便利，同时也使作品具有更强的耐久性和稳定性。此外，一些艺术家还将传统材料与新型材料巧妙结合，创造出独特的艺术效果。例如，将古老的石材与现代的金属材料相结合，既能体现历史的厚重感，又能展现出现代科技的魅力，使作品在传统与现代的碰撞中焕发出新的生机与活力。

在主题表达方面，当代纪念碑式公共艺术在延续历史纪念和英雄颂扬主题的基础上，更加关注社会现实问题和人类的精神世界，呈现出多元化、人性化的发展趋势。

除了铭记战争、灾难等重大历史事件和缅怀英雄人物外，许多作品开始聚焦于社会公平、环境保护、和平等全球性议题，通过艺术的形式引发公众对这些问题的关注和思考。例如，一些关于环保主题的纪念碑式公共艺术作品，以独特的艺术造型和象征手法，揭示了环境污染、生态破坏等问题的严重性，呼吁人们增强环保意识，共同守护地球家园。这些作品不再仅仅是对过去的回顾和纪念，更是对当下社会现实的深刻反思和对未来的美好期许，它们以艺术的力量触动人们的心灵，引导社会的进步与发展。

以美国的马丁·路德·金纪念碑为例。这座纪念碑位于华盛顿特区的国家广场，是为纪念美国著名民权运动领袖马丁·路德·金而建。纪念碑的主体是一座从巨石中浮现出来的马丁·路德·金的雕像，他目光坚定，神情庄重，仿佛在向人们诉说着他为实现种族平等和正义而不懈奋斗的信念。雕像周围的墙壁上刻有马丁·路德·金的名言警句，这些文字与雕像相互呼应，共同传达出了他的伟大思想和崇高精神。这座纪念碑不仅是对马丁·路德·金个人的纪念，更是对美国民权运动历史的铭记，它时刻提醒着人们要珍惜来之不易的平等权利，继续为消除种族歧视和实现社会公平而努力。

当代纪念碑式公共艺术在形式、材料和主题表达上的创新，使其更好地适应了时代的发展和社会的需求。这些创新不仅丰富了公共艺术的表现形式和内涵，也为公众带来了全新的审美体验和思考空间，使纪念碑式公共艺术在当代社会中焕发出新的生命力，继续在传承历史、弘扬精神、引领社会进步等方面发挥着重要作用。

二、作为公共设施的公共艺术

公共设施作为城市环境的重要组成部分，其发展历程见证了从单纯注重实用功能到强调实用与审美、标识、展示城市风貌等多元功能融合的转变。在早期，公共设施的主要目的是满足人们日常生活的基本需求，如座椅为人们提供休息的场所，路灯用于照亮道路，垃圾桶负责收纳垃圾等。这些设施的设计往往以功能性为首要考量，注重实用性和耐用性，而在审美和文化内涵方面的关注相对较少。随着社会的进步和人们生活水平的提高，公众对城市环境品质的要求日益提升，公共设施也逐渐被赋予了更多的意义和价值。

如今的公共设施，不仅要具备良好的实用功能，还需要在审美、文化和社会层面发挥积极作用。它们成为城市文化的载体，通过独特的造型、色彩和材质，展现出城市的历史底蕴、地域特色和时代精神；它们是城市景观的重要元素，能够美化城市空间，提升城市的整体形象和吸引力；它们还承担着促进社会交流和互动的功能，为公众提供了舒适、便捷的公共活动场所，增强了城市居民的归属感和认同感。这种从实用到多元功能融合的转变，反映了城市发展理念的更新和人们对美好生活的追求。以城市中的公共座椅为例，过去的公共座椅可能只是简单的长条凳，材质单一，造型普通。而现在的公共座椅在设计上更加注重人体工程学原理，能够提供更舒适的坐姿体验。同时，座椅的造型和材质也变得更加多样化，有的座椅采用了独特的曲线设计，线条流畅，富有动感；有的座椅则运用了当地的传统工艺和材料，展现出浓厚的地域文化特色；一些座椅还配备了充电接口、照明设施等，满足了人们在休息时的其他需求。再如路灯，除了提供照明功能外，现代路灯的设计也越来越注重艺术性和文化性。一些路灯的造型模仿了当地的自然景观或历史建筑，如以花朵、飞鸟为造型的路灯，或是借鉴了古代宫殿建筑风格的路灯，它们在照亮道路的同时，也成为城市夜晚的一道亮丽风景线。

公共设施的审美功能能够为城市空间增添艺术氛围，提升城市的整体美感。以具有特定造型的公共设施为例，位于某海滨城市广场的一组海螺造型的公共座椅，其独特的形状模仿了海边常见的海螺，曲线优美，富有动感。座椅的表面采用了蓝色和白色的相间涂装，与周围的海洋环境相呼应，给人一种清新、自然的感觉。当人们坐在这些座椅上休息时，仿佛置身于大海的怀抱中，不仅能够得到身体的放松，还能获得美的享受。这些座椅不仅为广场增添了一道独特的风景线，还成为游客拍照打卡的热门景点，吸引了更多人来到广场，促进了城市公共空间的活力和人气。

色彩在公共设施的审美功能中也起着重要的作用。色彩能够传达情感、营造氛围，不同的色彩搭配可以给人带来不同的视觉感受和心理体验。在一些城市的地铁站，设计师采用了明亮、鲜艳的色彩来装饰公共设施，如黄色的扶手、红色的垃圾桶、蓝色的指示牌等。这些鲜明的色彩不仅使地铁站内的空间更加生动活泼，还能引导乘客快速地找到自己需要的设施，提高了空间的识别性和导向性。同时，色彩还可以与城市的文化特色相结合，展现出城市的独特魅力。例如，在一座历史悠久的古城中，公共设施的色彩可能会以古朴的灰色、褐色为主，搭配一些传统的图案和装饰元素，营造出一种浓厚的历史文化氛围，让人们在使用公共设施的过程中，感受到城市的深厚底蕴。

公共设施的质感也能够影响其审美效果。不同的材质具有不同的质感，如金属的冰冷坚硬、木材的温暖自然、石材的厚重沉稳等。通过合理选择和运用材质，可以创造出丰富多样的质感效果，增强公共设施的艺术表现力。在一个以自然为主题的公园中，设计师采用了大量的木材和石材来制作公共设施，如木质的栈道、石质的座椅和雕塑等。木材的纹理和色泽给人一种亲近自然的感觉，石材的质感则增加了公园的古朴和庄重氛围，使整个公园的环境更加和谐统一，富有美感。一些现代公共设施还会运用新型材料和工艺，创造出独特的质感效果，如采用玻璃纤维制作的雕塑，具有半透明的质感，在光线的照射下，能够产生奇妙的光影变化，为城市空间增添了一份神秘和浪漫的气息。

三、艺术公园与公园艺术

公园，作为公共艺术领域中独具魅力的存在，是一种将自然景观与艺术元素巧妙融合的公共空间。将艺术融入公园，形成艺术公园与公园艺术的和谐共生，打破了传统公园单纯以自然景观或休闲设施为主的模式，通过在公园的规划、设计和建设中融入丰富多样的艺术形式，如雕塑、绘画、装置艺术、建筑艺术等，为公众创造出一个既能够亲近自然，又能沉浸于艺术氛围之中的独特空间。这样的艺术公园不仅是一个供人休憩、娱乐的场所，更是一个集艺术展示、文化交流、审美教育等多种功能于一体的综合性艺术平台。

艺术公园的特色首先体现在其独特的景观设计上。与普通公园不同，艺术公园的景观设计更加注重艺术性和创意性，追求自然与艺术的完美融合。设计师们往往会巧妙地利用地形、水体、植物等自然元素，结合各种艺术作品和艺术手法，打造出富有层次感、节奏感和艺术感染力的景观空间。在一些艺术公园中，设计师会利用起伏的地形，建造出错落有致的雕塑群，使雕塑与周围的自然环境相互映衬，形成独特的视觉效果；有的公园则会以水体为中心，设置喷泉、水幕电影等艺术装置，利用水的流动和光影效果，营造出梦幻般的艺术氛围。艺术公园中的植物配置也不仅仅是为了绿化和美化环境，更是为了与艺术作品相呼应，形成和谐统一的整体景观。例如，在一座以现代雕塑为主题的艺术公园中，可能会种植一些形态简洁、线条流畅的植物，如修剪整齐的绿篱、造型独特的盆景等，以突出雕塑的艺术风格和主题。

丰富的艺术展示是艺术公园的又一显著特色。艺术公园通常会展示各种类型的艺术作品，涵盖了从传统艺术到现代艺术的各个领域，为公众提供了一个近距离欣赏和了解艺术的机会。这些艺术作品不仅包括永久性的雕塑、壁画等，还会定期举办各种临时性的艺术展览、艺术活动等。在一些知名的艺术公园中，常年陈列着众多国内外著名艺术家的雕塑作品，这些作品风格各异、题材广泛，从抽象的现代雕塑到写实的传统雕塑，从反映社会现实的作品到表达个人情感的作品，应有尽有，让游客在欣赏自然美景的同时，也能领略到艺术的无穷魅力。艺术公园还会举办各种艺术展览，如绘画展、摄影展、装置艺术展等，展示当代艺术的最新成果和发展趋势，为艺术家提供了一个展示作品的平台，也为公众带来了一场场艺术盛宴。一些艺术公园还会举办艺术讲座、艺术工作坊等活动，邀请艺术家、学者等与公众进行面对面的交流和互动，让公众更加深入地了解艺术创作的过程和背后的文化内涵。

艺术公园还具有强烈的互动性和参与性。与传统的艺术场馆不同，艺术公园是一个开放的公共空间，公众可以自由地进入艺术公园，与艺术作品进行亲密接触和互动。在艺术公园中，许多艺术作品都设计成了互动式的，游客可以通过触摸、操作等方式，参与到艺术作品的体验中，从而获得更加深刻的艺术感受。一些艺术公园设置了大型的互动雕塑，游客可以推动雕塑的部件，使其产生不同的形态和光影变化；有的艺术公园则设置了艺术创作区，提供各种艺术材料和工具，让游客可以亲自参与艺术创作，发挥自己的想象力和创造力。艺术公园还会举办各种艺术活动，如音乐会、戏剧表演、舞蹈演出等，邀请公众参与其中，让公众在欣赏艺术的同时，也能成为艺术的创造者和传播者。这种互动性和参与性，不仅增强了公众对艺术的兴趣和热爱，也促进了公众之间的交流和互动，营造了和谐、融洽的社会氛围。

（一）纽约中央公园

位于纽约中央公园的《门》是一件令人叹为观止的大地艺术品，至今仍是该城市最大的艺术项目之一。这件作品从 1979 年提出到 2005 年最终完成，历时 26 年，展现了艺术家的坚持与创造力。在艺术家精心设计的路径上，7500 多扇橙色大门整齐排列，形成了一道独特的景观。这些高约 5 米、宽度在 2.8 米到 8.5 米之间的橙色的门，都有从顶部悬垂而下、离地面大约 2.13 米的橙色织物门帘，它们随风自由飘动，其间相距 3 米到 5 米。它们组成一条“金色的河流”，在公园树丛中若隐若现。整个工程耗材 15000 架钢座和约 10 万平方米的化纤布，使用了 1000 名工人，花费 2100 万美元，这些费用全部由艺术家自己支付。

纽约中央公园的《门》虽然只保留了 16 天，但这无疑是一次公共艺术的成功。尽管很多人对《门》的出现持有不同观点，但它在纽约人的心中留下了深刻的印象，且都一致赞同《门》是一次令人难忘的公共艺术实践。这个作品在吸引公众注意力的同时，逐渐使人们认同了作品呈现的是艺术观念和文化思考。《门》不仅是对公园的一次大胆改造，也是对城市生活的一次独特诠释。它不仅美观，还提醒人们珍惜自然与艺术的结合。

（二）天府艺术公园

天府艺术公园坐落于成都市西北处，紧邻金牛宾馆、迎桂湖，环靠三环熊猫绿道，地理位置得天独厚。其规划面积达 4.18 平方千米，规模宏大，是成都“八街九坊十景”中“十景”之一的地标公园，已然成为城市的公共艺术高地。

从景观设计来看，天府艺术公园拥有独特的空间结构。景度设计为其提出了“两环、三园、十景”的景观空间结构。这里三湖环绕，水系生态极为丰富，分别是迎桂湖、荷华湖、芳菲湖。在景观设计中，首先要考虑到建筑与滨水空间的相互渗透，使建筑场馆能拥有最佳观湖视野，同时让室内艺术活动与室外自然更好地融合。例如，直面迎桂湖的核心滨水空间“湖畔浮阶”，近 200 米的驳岸线通过高差变化，形成了多层次多功能的滨水休闲区域。公园内还设有许多悬挑的亲水平台，鼓励人们直接坐在湖岸边，从坐卧休息的角度欣赏眼前的风景，从而收获和站立观看全然不同的视野和心理感受。在植物配置方面，注重季相变化和层次感，利用不同高度的乔木、灌木、地被植物等，形成丰富的植物群落，同时充分考虑植物的生态习性，合理配置耐阴与喜阳植物，确保植物的健康生长和园区的生态平衡。

在艺术展示方面，天府艺术公园成果斐然。2023 年 7 月，成都双年展在此盛大开幕，吸引了 22 个国家及地区、235 位艺术家，共展出 476 件艺术品。不仅满足了艺术品展示的远期需求，也让公园成为展示城市艺术人文的重要窗口。公园内的天府美术馆宛如绽放在湖边的芙蓉花，其设计灵感源自“出水芙蓉境”的意象；当代艺术馆则蕴含着“窗含西岭千秋雪”的诗意，取“窗含西岭”的景观意象。馆内定期举办各类艺术展览，展示了从传统艺术到现代艺术的丰富作品，涵盖绘画、雕塑、摄影等多个领域，为公众带来了一场场艺术盛宴。

四、壁画与涂鸦

（一）壁画

壁画作为人类历史上最早的绘画形式之一，其起源可以追溯到遥远的史前时期。在许多古老的文明中，如古埃及、古希腊和古罗马，壁画都有着重要的地位，它们通常具有宗教、政治或社会意义，是当时人们生活、信仰和文化的生动写照。古埃及的壁画大多绘制在陵墓和神庙的墙壁上，这些壁画以其独特的风格和丰富的内容，展现了古埃及人对来世的信仰、对神灵的崇拜以及日常生活的场景，如狩猎、农耕、祭祀等。古希腊的壁画则多与神话传说和英雄故事相关，它们不仅具有艺术价值，还承载着古希腊文化的精神内涵，体现了古希腊人对美的追求和对英雄主义的崇尚。

我国壁画的历史同样源远流长。我国古代壁画主要有宫室壁画、墓室壁画、石室壁画和寺观壁画等形式。秦汉以后，宫廷宅第和达官显贵墓室的壁画，奠定了中国古代传统壁画的基础，其内容已与当时的社会文化、人伦道德、国之兴衰相联系，注入了早期的社会思想和伦理观念。汉代墓室壁画盛行，大多是为了满足统治者弘扬孝道的需要，内容既有神灵祥瑞，也有现实生活和历史故事。魏晋南北朝时期，佛教传入我国，宗教壁画迅速发展，除了墓室壁画外，还出现了大量宣传佛教内容的壁画，敦煌莫高窟早期壁画描绘佛祖释迦牟尼前世即佛本生故事最为丰富。到了隋唐时期，壁画技术达到了空前水平，以敦煌莫高窟为代表的壁画艺术，无论是在绘画技巧、色彩运用还是题材内容上，都达到了极高的境界，“飞天”等形象更是成为我国壁画艺术的经典符号。宋元以后，佛教逐渐衰微，壁画在构图造型方面稍显呆板，色调也不如唐代富丽。明代虽有一定量的创作，但总体上已不如前代繁荣。

壁画的风格丰富多样，涵盖了从古典到现代、从写实到抽象的各种风格。古典壁画风格注重对细节的描绘和对真实场景的还原，强调绘画技巧的精湛和画面的庄重感。例如，文艺复兴时期的壁画，以米开朗琪罗的西斯廷教堂天顶壁画和拉斐尔的《雅典学院》为代表，这些作品通过细腻的笔触、逼真的人物形象和宏大的场景构图，展现了古典艺术的魅力。写实风格的壁画则追求对现实世界的如实描绘，通过对人物、景物的真实刻画，传达出强烈的现实感和生活气息。现代壁画风格则更加注重创新和个性表达，常常运用抽象的线条、夸张的色彩和独特的构图，打破传统的绘画规则，创造出富有想象力和视觉冲击力的画面。

壁画的题材广泛，包括宗教题材、历史题材、民俗题材、现代生活题材等。宗教题材的壁画在历史上占据着重要地位，如敦煌莫高窟的佛教壁画，通过描绘佛本生故事、经变图等内容，传达佛教的教义和精神，具有浓厚的宗教氛围和文化内涵。历史题材的壁画则以历史事件、历史人物为创作对象，通过艺术的手法再现历史场景，让人们了解和铭记历史。例如，一些纪念性的壁画，以重大历史事件为主题，展现了人类在历史进程中的奋斗和成就。民俗题材的壁画反映了各地的民间风俗、传统节日、民间艺术等内容，具有浓郁的地方特色和民族风情。现代生活题材的壁画则关注当代社会的生活场景、人们的精神状态和社会热点问题，体现了时代的特征和人们的生活情感。

壁画的功能也具有多样性。在历史上，壁画常常被用于宗教场所，如教堂、寺庙等，作为宗教仪式和信仰表达的重要组成部分，通过精美的画面和宗教故事的描绘，引导人们的精神信仰，传播宗教文化。在宫殿、府邸等建筑中，壁画则具有装饰和彰显身份地位的功能，通过华丽的画面和独特的艺术风格，展现出主人的财富和权势。在现代社会，壁画作为公共艺术的一种形式，具有美化城市环境、提升城市文化品位的功能。它们为城市的街道、广场、公园等公共空间增添了艺术氛围，使城市更加美观和富有活力。壁画还具有教育和宣传的功能，通过生动的画面和形象的表达，向公众传达各种信息和价值观，如历史文化知识、社会道德观念、环保理念等。

随着时代的发展，现代壁画逐渐成为一种公共艺术形式，反映当代社会的主题、风格和文化。许多城市和公共场所邀请艺术家创作壁画，以美化环境并传达特定的信息。这些壁画的题材更加广泛，包括城市历史、文化传承、社会热点、环保理念等，它们以独特的艺术语言和表现形式，为城市增添了独特的文化魅力。在一些历史文化街区，壁画可能以展现当地的历史变迁和传统民俗为主题，让人们在欣赏壁画的同时，也能感受到城市的历史底蕴；在一些现代化的商业区，壁画则可能更注重时尚和潮流元素，与周围的商业氛围相融合，展现出城市的活力和创新精神。

（二）涂鸦

涂鸦艺术起源于20世纪60年代的美国纽约，最初是由一些社会底层青年在城市的夜幕中进行的创作。当时，纽约的布朗克斯区因种族混居、贫穷落后而成为美国经济“死亡区”，涂鸦艺术、街舞等嘻哈文化都诞生于此。最初的涂鸦作品多是一些标志性的图案或简单的字母，它们的形式简单，但却饱含着青年人的愤怒和激情，是社会底层青年表达对现实不满和追求自由的一种方式。这些涂鸦作品常常出现在城市的墙壁、地铁、隧道等公共空间，以一种激进的方式进入公共视觉领域，传达社会底层的呐喊和宣泄。

到了20世纪70年代，涂鸦逐渐从划分帮派领地的目的转变为纯粹的自我表达。艺术家们开始用色彩鲜艳的巨大字体和复杂的图案，在纽约街头和地铁站进行创作，涂鸦艺术的形式和内容日益丰富。这一时期，涂鸦艺术开始与嘻哈文化紧密结合，成为嘻哈文化的重要组成部分，与说唱、街舞、DJ等元素共同构成了独特的嘻哈文化景观。随着时间的推移，涂鸦艺术逐渐从地下文化走向大众视野，在全球范围内得到传播和发展。艺术家们不断创新，将涂鸦与多种艺术风格相结合，如抽象、波普、野兽派等，使涂鸦艺术呈现出更加多样化的面貌。

涂鸦在色彩运用上通常鲜艳夸张，给人一种强烈的视觉冲击力。涂鸦艺术家们喜欢使用高饱和度的色彩，如红、黄、蓝、绿等，这些色彩相互搭配，形成鲜明的对比，使涂鸦作品在城市环境中格外引人注目。色彩的运用不仅是为了追求视觉上的美感，更是为了表达情感和主题。红色可能代表着热情、力量和反抗；黄色可能象征着阳光、希望和活力；蓝色可能传达出冷静、深邃和神秘的感觉。涂鸦艺术家通过巧妙地运用色彩，将自己的情感和思想融入作品中，使观众能够在欣赏作品时产生共鸣。

在线条方面，涂鸦以简洁明快的线条为特点，通过简单的几笔勾勒出形象的轮廓和细节。线条通常是粗犷有力的，给人一种直接的表达感。与传统绘画风格相比，涂鸦更加注重线条的简洁和表现力，通过线条的粗细、疏密、曲直等变化，塑造出富有动感和生命力的形象。一些涂鸦作品运用流畅的曲线来表现人物的动态和情感，使人物形象更加生动活泼；而另一些作品则运用硬朗的直线来构建几何形状，营造出简洁而富有张力的视觉效果。

涂鸦的创作手法灵活多样，包括手绘涂鸦、喷涂涂鸦、立体涂鸦等。手绘涂鸦是最常见的创作方式，艺术家利用涂鸦笔、颜料等工具，在墙面上直接进行创作，这种方式能够更好地体现艺术家的个人风格和创作技巧，作品往往具有细腻的笔触和丰富的细节。喷涂涂鸦则是利用喷漆进行创作，通过喷枪的控制，能够创造出大面积的色彩和独特的纹理效果，使作品具有强烈的视觉冲击力和现代感。立体涂鸦是一种新兴的创作手法，它突破了平面的限制，通过在建筑物、地面等物体上进行三维创作，使涂鸦作品具有立体感和空间感，给观众带来全新的视觉体验。

进入21世纪，涂鸦已经成为全球街头文化的重要组成部分，成为城市文化的重要载体。在一些城市，涂鸦被视为一种艺术形式，得到了官方和社会的认可，许多城市还举办了涂鸦艺术节、涂鸦比赛等活动，为涂鸦艺术家提供了展示作品的平台，也让更多的人了解和欣赏到涂鸦艺术的魅力。

第二章　当代艺术语境下的公共艺术

第一节　公共艺术创作中的影响因素

公共艺术作为一种特殊的艺术形式，在现代社会中扮演着重要角色。它不仅美化了城市环境，还成为社会文化交流与表达的重要载体。公共艺术创作并非孤立的艺术行为，而是受到多种因素的综合影响。其中，艺术家、体制与公众之间的关系，对公共艺术创作的走向、风格、质量以及社会影响力起着关键作用。深入剖析这三者之间的关系，有助于理解公共艺术创作的本质，推动公共艺术更好地发展。

一、艺术家在公共艺术创作中的角色与影响

（一）艺术家的创作理念与表达

艺术家是公共艺术创作的核心发起者，他们凭借自身独特的艺术感知、专业技能与创作理念，为公共艺术作品注入灵魂。不同的艺术家有着各异的创作风格和表达倾向。有的艺术家注重个人情感与观念的抒发，将自身对世界、社会、人生的思考融入作品中。例如，某些当代艺术家通过抽象的艺术形式，表达对现代社会快节奏生活下人们精神状态的关注。他们在公共艺术作品中运用夸张的造型、鲜明的色彩，试图引发公众对内心世界的反思。而有的艺术家则更倾向于从地域文化、历史传统中汲取灵感。他们的作品往往带有浓厚的地方特色，通过对本土故事、传说、民俗的艺术化呈现，增强公众对本地文化的认同感与归属感。例如，在一些古镇的公共艺术创作中，艺术家以当地传统的手工艺技法为基础，创作出具有地域风格的雕塑、壁画等作品，让古老的文化在现代公共空间中焕发生机。

（二）艺术家与公众的互动

在公共艺术创作中，艺术家与公众的互动至关重要。一方面，艺术家需要了解公众的需求、审美趣味以及对公共空间的期望。通过观察社会、深入走访、问卷调查、社区访谈、公开工作坊等形式，艺术家能够收集到公众的反馈，从而使作品更贴合公众的心理诉求。例如，在一些社区公共艺术项目中，艺术家深入社区，与居民共同探讨社区的历史变迁、生活故事，以此为依据创作作品，让居民在欣赏作品时产生强烈的共鸣。另一方面，艺术家也肩负着引导公众审美、拓展公众艺术视野的责任。一些具有先锋性、实验性的公共艺术作品，虽然在初次展示时可能让部分公众感到陌生甚至难以理解，但随着时间的推移和艺术家的阐释、引导，公众逐渐能够领略到作品背后的深层含义与艺术价值，从而提升自身的审美水平。例如，一些利用新媒体技术创作的互动式公共艺术作品，让公众在参与过程中感受到科技与艺术融合的魅力，激发他们对新艺术形式的兴趣。

二、体制在公共艺术创作中的作用与影响

（一）政策支持与保障

体制在公共艺术创作中起着宏观调控与支持保障的重要作用。政府通过制定相关政策法规，为公共艺术的发展奠定了坚实的制度基础。例如，美国出台了公共艺术百分比政策，规定在城市建设项目中，需拿出一定比例的资金用于公共艺术创作。这一政策直接推动了公共艺术在城市中的快速发展，并从政策层面确保了公共艺术创作有稳定的资金来源和后期保障。同时，政府对公共艺术项目的立项、审批、验收等环节进行规范管理，保证了项目的质量与合法性。在一些大型公共艺术项目中，政府会组织专家评审团，对艺术家的方案进行严格评估，从艺术价值、社会影响、可行性等多方面进行考量，只有通过评审的方案才能进入实施阶段，这样有效避免了低质量、不恰当的公共艺术作品的出现。

（二）资源分配与协调

体制还负责公共艺术创作所需资源的分配与协调。政府可以整合土地、空间等资源，为公共艺术作品提供合适的展示场所。例如，在城市公园、广场、街道等公共空间的规划中，预留出专门的区域用于公共艺术设置。同时，政府能够协调不同部门之间的关系，促进公共艺术项目的顺利推进。公共艺术项目往往涉及文化、规划、建设、环保等多个部门，政府通过有效的协调机制，使各部门协同合作，避免出现职责不清、

相互推诿等问题。在一些城市的地铁建设中，公共艺术与地铁工程同步规划与实施，政府协调地铁建设部门与文化艺术部门，将公共艺术巧妙地融入地铁空间，打造出具有特色的地铁文化。

三、公众在公共艺术创作中的地位与影响

（一）公众需求与审美导向

公众是公共艺术的最终受众，他们的需求和审美导向对公共艺术创作有着不可忽视的影响。公众对公共艺术作品有着多样化的需求，既希望作品具有审美价值，能够美化环境、愉悦身心，又期望作品能与自身生活产生关联，反映社会现实问题，具有一定的教育意义。从审美导向来看，不同年龄、性别、文化背景的公众有着不同的审美偏好。年轻人可能对时尚、创新、具有科技感的公共艺术作品更感兴趣，而中老年人则可能更倾向于传统、经典、寓意美好的作品。因此，公共艺术创作需要兼顾不同群体的审美需求，以实现更广泛的社会接受度。例如，在一个多元文化社区的公共艺术创作中，艺术家通过融合多种文化元素，创作出既具有现代感又能体现社区文化多元性的作品，满足了不同居民的审美期待。

（二）公众参与

公众参与是公共艺术区别于其他艺术形式的重要特征之一。公众参与公共艺术创作的方式多种多样，包括参与作品主题的讨论、方案的设计、制作过程以及后期的评价等。公众参与能够为公共艺术创作带来新的视角与活力。当公众参与到作品主题讨论中时，可以提出与自身生活密切相关的话题，使作品更具现实针对性。在一些社区公共艺术项目中，居民共同商讨确定以社区历史上的重要事件或人物为主题进行创作，让作品成为社区记忆的承载。在方案设计阶段，公众的参与可以使作品更符合实际使用需求与空间特点。例如，在设计一个社区儿童活动区的公共艺术作品时，邀请儿童参与设计，他们提出的有趣创意使作品更具趣味性与吸引力。公众对公共艺术作品的后期评价也为艺术家和体制提供了反馈，有助于后续公共艺术创作的改进与完善。

四、艺术家、体制与公众的互动关系对公共艺术创作的综合影响

（一）良性互动促进公共艺术发展

当艺术家、体制与公众之间形成良性互动时，公共艺术创作能够蓬勃发展。体制

为艺术家提供创作机会与资源支持，艺术家创作出高质量、符合公众需求与审美导向的作品，公众积极参与并给予正面反馈，这种循环促进了公共艺术的繁荣。例如，在一些成功的城市公共艺术项目中，政府通过公开招标的方式选拔优秀艺术家，为其提供充足的创作资金与良好的创作环境。艺术家深入社区，与公众密切沟通，了解公众需求，创作出既具有艺术水准又深受公众喜爱的作品。公众对这些作品的认可与喜爱，促使政府加大对公共艺术的投入，进一步推动更多优秀公共艺术作品的诞生。同时，公众在参与过程中，对公共艺术的认知与理解不断加深，形成了良好的公共艺术文化氛围。

（二）互动失衡带来的问题

然而，若艺术家、体制与公众之间的互动出现失衡，公共艺术创作则会面临诸多问题。如果体制过度干预，限制了艺术家的创作自由，可能导致作品缺乏创新性与个性，呈现千篇一律的面貌。一些地方在公共艺术项目中，对作品的风格、主题等进行过多的行政指令，使艺术家难以充分发挥其创作才能，作品无法展现出应有的艺术魅力。相反，若体制对公共艺术创作缺乏有效的管理与支持，可能导致作品质量参差不齐，甚至出现与公共空间、公众需求严重不符的作品。当公众参与不足时，公共艺术作品可能无法真正满足公众的需求，导致公众对公共艺术缺乏兴趣与认同感。一些公共艺术项目在创作过程中，未充分征求公众意见，作品建成后，公众觉得与自己无关，甚至对作品产生反感。而当艺术家过于追求个人表达，忽视公众需求与体制规范时，作品可能难以被公众接受，也无法在公共空间中顺利落地实施。

由此可见，公共艺术创作是一个复杂的系统工程，艺术家、体制与公众三者之间相互影响、相互制约。艺术家作为创作主体，以其独特的创作理念与表达为公共艺术注入活力；体制通过政策支持、资源分配与协调，为公共艺术创作提供保障与引导；公众作为最终受众，其需求、审美导向以及参与程度，决定了公共艺术作品的社会价值与影响力。只有当三者形成良性互动关系时，公共艺术创作才能实现艺术价值与社会价值的统一，创作出更多优秀的、符合时代需求与公众期望的作品，为城市文化建设与社会发展作出积极贡献。因此，在未来的公共艺术发展中，应进一步完善体制机制，鼓励艺术家与公众的深度互动，促进公共艺术创作的持续健康发展。

第二节 当代公共艺术重塑

一、当代观念与空间重塑

当代公共艺术在观念上呈现出对传统的突破与创新，这种观念转变深刻地影响着空间的重塑。当代公共艺术观念在继承极简主义“少即是多”核心理念的基础上，更强调空间与受众的互动关系，注重作品与空间的融合以及对社会议题的反映。

（一）极简主义的含义

极简主义强调去除冗余装饰，以简洁的几何形态和纯粹的材料表达艺术本质，这种理念深刻地影响了当代公共艺术对空间的重塑方式。例如，在一些城市的广场空间中，传统雕塑可能只是作为地标性的静态存在，而当代公共艺术作品则可能通过多媒体装置，利用光影、声音等元素，随着时间和观众的参与而产生动态变化。观众不再仅仅是旁观者，而是可以通过身体动作、声音等方式影响作品的呈现效果，使公共空间从单一的物理场所转变为充满活力的互动场域。这种对互动性的追求，正是对极简主义思想的延伸，通过简洁的互动设计，创造出具有丰富感知层次的公共艺术空间。

极简主义，是20世纪60年代在美国兴起的一个艺术流派。“极简主义”一词最早是英国哲学家理查德·渥尔哈姆于1965年批判那些为了追求美学效果而刻意减少艺术内容的艺术实验时提出的一个贬义称谓。而极简主义艺术家们并不以为然，并且乐于接受这个美学提法。从本质上说，极简主义是继观念艺术之后出现的，是从形式语言上对抽象表现主义的艺术形式的反对，否定艺术创作中的叙事性表现，意在探索和呈现物体自身最原始状态和形式，希望借以消除艺术家强加给观众的图形、图像和概念。它提倡开放作品自身在艺术概念上的意象空间，让观众自由地参与对作品意义的重新建构，通过与作品本体的互动，去感知和诠释作品的内涵，甚至成为艺术作品的一部分，最终完成作品审美价值的延伸。极简主义艺术家往往以一种客观的、冷静的和非叙事性的观察视角与形式语言从事艺术创作，用最直接的造型方式传达思想，最终使艺术形式回到了它的本源。他们力图将造型语言简单化、纯粹化，将抽象表现主义艺术中依然存在的图示、形象或空间按照杜尚的“减少、减少、再减少”的原则进行处理，最终将作品减少到最基本的几何形态。

极简主义着力探求事物的客观性，而不刻意追求风格。在创作中使用最基本的要素获得极端简化的形式语言，去除干扰主题的不必要的东西。在考虑构图功能的合理前提下，强调整体的完美和凝练，在简化与功能上寻找一个平衡点。这就要求通过对材质、构成原则、制作工艺等自身属性来界定其简单明了的真实性。极简主义艺术家大多偏爱使用非天然或工业材料进行艺术创作。他们认为，木料、石材和青铜等材料都暗示着人的存在，而木纹和大理石纹的自然痕迹标志着其内在的生命。相反，无机材料不具有历史性含义，不能给观众提供指向性的联想，从而使其更注意作品本身。极简主义艺术家刻意追求表面的光滑平整，体现工业化生产的特点。同时，这些技术手段的使用，也在摒弃传统欣赏习惯对人们的影响。极简主义的代表艺术家唐纳德·贾德曾经解释道，自己之所以放弃绘画，而从事立体形态创作，其原因是“不论绘画语言多么抽象，它都不具有寓意，且永远带着一种挥之不去的叙事性。因此，要创作真正前卫的艺术，必须依赖最为简单、严谨的几何形体”。

然而，极简主义始终没有出现明确的定义。20 世纪 80 年代晚期，极简主义已经被普遍运用于造型艺术的各个领域。大部分的极简艺术家都喜欢用现代工业材料来制作他们的作品，如不锈钢、铝板、集成板材和有机玻璃等。作品的颜色选择也进一步简化，经常出现黑、白、灰色或者明亮的纯色，从而凸显现代机械加工所产生的物质存在的量感和质感。造型形态的“极少”与材质表面的“光挺”构成了极具后工业时代的审美趣味。作品似乎都在寻找一种新秩序的本源。实际上，极简主义雕塑置于公共环境中与现代建筑产生了非常和谐的视觉美感。因此，极简主义风格的雕塑作品被广泛地视作城市公共艺术的一种方式。

（二）极简主义代表

1. 唐纳德·贾德

唐纳德·贾德是美国著名极简主义艺术家。从 1962 年开始，贾德开始制作几何形态的抽象雕塑作品。他的作品多采用非天然材料，如铝合金、不锈钢、有机玻璃等工业材料，以相同形状的立方体并置串联的形式呈现。他在作品中探索物体及其所创造空间的本质，强调作品的整体性，迷恋于做工精良的作品外观。艺术在贾德的世界中蜕变为一种本源性的观念和无所不在的几何形体。但是，由于这些作品并不反映具体的内容或对象，因此贾德一贯会使用《无题》作为他绝大多数作品的标题。贾德会在其作品中重复使用相同的单元，通常是以相同的间隔摆设相同的长方体。这些单元多用镀锌板或铅板制成，偶尔还会使用有机玻璃。在作品的色彩上，虽然他有时会用很强烈的色彩镀饰铝材，但多数情况下会优先使用的还是不加涂饰的镀锌铁板，看上去是在强调物体的中性本色。贾德认为，一个形状、一种体积、一种色彩和一个平面就是指它们本身，人们不应该把它们表现为某个相当不同的整体的一个部分。形状和材料不应为内容的牵强附会所改变。一只箱子或排成一行的四只箱子，任何单个的物体或一个系列都有它们的安排顺序，都是一种排列关系，仅仅是顺序而已。

贾德以立方体为主体的雕塑，成为极简主义艺术最具代表性的作品。它们也常常被安置在室外等公共场域中。每件作品的形体同样是标准化制作，并且有时涂上色彩以强调其形体美。贾德的这些公共艺术作品的语言与抽象表现主义和波普艺术有很大的不同，它们以理性、冷漠和克制的姿态强调自身纯粹与高贵的品质。这种单纯和宁静给观众以一种力量。在其作品中，形状和尺寸完全相同的长方形箱体，保持同等间距，这是贾德标志性的构图方式。尽管如此，每件作品仍然保持各自的特点，贾德为单调的作品营造出各具魅力的视觉效果，以唤起观众对形态本质的感受和认知。

1982—1986 年，贾德在得克萨斯州的马尔法旷野废弃的北炮兵棚的巨大空间中安置了 52 个方盒子，每个盒子的尺寸是 104 厘米 ×129 厘米 ×182 厘米，由锻造铝板打制。每个盒子有一个开放的立面，观众可以从中看到内部。盒子内部由铝板分隔开来。这些盒子的材质和大小完全相同，只是其连续性被打断，每个盒子都是独一无二的。它们反射外部世界，而且会随着光和季节的变化改变表面的光影效果。因此，这个作品周围的自然环境深深影响了艺术家对北炮兵棚的使用以及该作品形态的创作。这件装置艺术有着贾德早期作品的很多典型特征：规整、对称的形式，工业材质的使用。然而，铝板对周围环境和光线的反射与呈现构成了一件简洁而丰富的时间性作品。

2. 卡尔 · 安德烈

另一位重要的极简主义艺术家卡尔 · 安德烈，则是从人与自然的关系出发，研究和运用更加单纯与原本的形式语言进行创作。虽然在贾德的作品里已经出现对事物本体属性的强调，但更多的是对单纯形式语言的实验。而安德烈的作品在材料的选择上更多地还原事物的本质状态，常常采用朴素的砖块、枕木、原色的铁板等，而且只保留其本来的色彩和质地。安德烈的雕塑创作范围广泛，从大型公共艺术品到美术馆的展览空间的地面装置都可见。他的作品很少采取雕琢手段，而只是把材料组织成一定的形态。他的作品常常直接铺在地面上，以简易的方式介入空间，以轻松的方式与人共处。

安德烈认为，其作品的意义并不比一棵树、一块石头、一座山或一片海带给人们的少。他希望自己的作品应该像自然物一样存在，在自然中自然地消逝。

3. 理查德 · 塞拉

1939 年，美国极简主义艺术家理查德 · 塞拉出生于美国旧金山。他以大型金属板组合而成的雕塑作品闻名于世，在全世界很多国家的重要场所都可以看见这些作品。当定居在美国西海岸时，塞拉在炼钢厂工作以赚取生活费，这次工作经历也深深影响了他日后的作品风格。1963 年，塞拉拿着耶鲁大学的奖学金来到巴黎学习考察。他第一次看到了康斯坦丁 · 布朗库西的雕塑作品，这对他日后的创作产生了深远的影响。塞拉发现，布朗库西的作品中仅用一条边缘线，就能暗示出整个雕塑的体积。他开始探讨雕塑作品中的“线”如何表示出“形”在倾斜时的重要特性，进而试图用雕塑的形式让空间发生改变。在他的作品中，被重塑的空间总是充斥着未知、压迫、神秘的心理元素，他期望以这种不确定性的方式促使人们去思考。

在塞拉的作品中，线、面、体积、重量与空间等构成造型艺术的最基本元素。尽管他的雕塑很抽象，但还是可以被感知和理解的。他不断地在公共场域中重新构建各种形态的半封闭的空间，并探讨艺术作品、场所和观众之间的置换关系。当人们围绕作品行走，从中进去再出来时，的确可以感觉到一种空间的延伸和改变。美国著名的艺术和历史学家罗伯特·休斯这样评价塞拉：在世界上活着的雕塑家中，他是最伟大的。虽然在艺术界，塞拉被公认为是现代艺术大师，但是他的作品也并不总是为世人所接受。1981 年，塞拉在纽约联邦广场完成了大型雕塑作品《倾斜的弧》。这件高 3.9 米、长 36 米的巨大弧形雕塑几乎占据了整个联邦广场，当时引发了来自民众的巨大争议。很多人认为，这件作品看上去更像是一堵墙，而非好看的艺术作品，它的存在丑化了广场整体空间美感，侵占了他们的公共空间，同时也给他们的日常生活带来了极大的不便，因此要求政府移走这件庞然大物。塞拉极力地辩解称，这件作品的形态和概念是为了这个广场而创作的，如果将其移走，作品的所有意义将随之毁灭。塞拉控告联邦政府，试图通过审查制度和政府未能履行合约为由，来阻止这件雕塑作品被移走。但经过一系列操作后，塞拉还是以失败告终。1989 年，雕塑被正式移出了广场。尽管如此，更多的人还是选择了理解塞拉。

从空间重塑角度看，当代公共艺术打破了室内外空间、公共与私人空间的界限。以城市中的一些创意街区为例，艺术作品不再局限于画廊或特定艺术场馆内，而是散布在街区的各个角落，从墙壁上的大型涂鸦到街道上可移动的艺术装置，它们与周边的商业店铺、居民住宅等日常空间相互渗透。这种渗透模糊了传统意义上艺术空间与生活空间的边界，使艺术成为日常生活的一部分，重新定义了城市空间的功能与体验。在上海的莫干山路创意街区，废弃的工厂建筑被改造成艺术工作室、画廊，外墙绘制着各种风格的壁画，街道上摆放着形态各异的雕塑作品，行人在穿梭其中时，能随时随地感受到艺术的氛围，原本单调的工业空间被重塑为充满艺术活力的公共生活空间。

二、个人叙事和公共经验

在当代公共艺术中，个人叙事成为连接艺术家与公众的重要桥梁，通过个人独特经历的表达唤起广泛的公共经验共鸣。艺术家不再仅仅依赖宏大叙事，而是将目光投向个体生活中的细微情感、记忆与故事。这些个人叙事通过艺术作品的形式呈现出来，在公共空间中与不同背景的观众相遇。例如，一些艺术家以自己童年时期在故乡的生活记忆为素材，创作关于老街、旧建筑的装置艺术作品。作品中对童年玩耍场景、邻里交往的描绘，虽然源于艺术家个人的经历，但能触动许多观众内心深处对故乡、童年的共同情感记忆，因为这些情感在人类的成长过程中具有普遍性。

美国艺术家路易丝·布尔乔亚的作品涉及个人叙事、公共经验、内心封闭与外部沟通的多重概念。她试图探讨人类本身的矛盾性与存在的悖论：人经常处在“孤身”与“共处”之间，接触、沟通、交流其实不能完全实现但又必须去做。她的艺术将这样的矛盾与挣扎充分地呈现出来，并编织为充满隐喻的视觉叙事。

1911 年，布尔乔亚生于法国巴黎，是一位知识分子型的艺术家，有广泛的阅读和知识背景。25 岁时，她开始专注于艺术创作，以接近超现实主义的方式进行绘画和版画创作，后来又开始尝试雕塑创作。而布尔乔亚创造力的真正爆发，是在 70 岁以后。她大胆尝试橡胶、石膏等综合材料的使用，并以独特的艺术观念将行为艺术、装置艺术等当代艺术语言融入作品之中。她宣称艺术对于自己是“在人间存在”的方式，而非仅仅是一份喜爱的工作。布尔乔亚的作品观念来源于心理学分析的思维方式以及她的人生中所经历的巨大精神创伤。她认为，个体的决然的孤单感不可避免地纠缠于外在世界。这种联系充满了焦虑和痛苦，但又是快乐的重要来源之一，也是她能够在这种矛盾状态中坚持的原因。艺术有力地帮助人驱散心理上的折磨与痛苦，从而恢复完整的自我。艺术是走出以往经历和无意识思想构成的巨大迷宫的通道和路径。

在布尔乔亚的艺术世界中，可以明显地感觉到她是在自我生命经验的孤独状态和必须与外部世界之间对话的矛盾状态中进行思考的，并希望能从中寻找到一种平衡状态。20 世纪 90 年代末，布尔乔亚创作了她最为著名的公共艺术系列作品“Maman”（法语意为“妈妈”，该系列作品也因其蜘蛛造型而被称为“蜘蛛”）。在这一系列作品中，她重新挖掘出“善良的母亲”这一概念，赋予编织者全新的形象。蜘蛛的形象代表永无休止的生命循环，蜘蛛的生存原则就是不断地开始、不断地重复、不断地寻求安慰和设置陷阱。仿佛永远也无法摆脱这种永恒的循环。该作品被看作“永恒的变化”的纪念碑，代表艺术家向母亲的致敬。布尔乔亚的母亲曾是一位编织者，她能将磨损和毁坏的挂毯重新修复完好。布尔乔亚认为“缝纫用的针拥有神奇修复的力量”，而她自己则“依赖艺术来编织和修复自己的生命网络”。1999—2008 年，这个引人注目又极具威胁感的蜘蛛青铜雕塑在圣彼得堡的冬宫博物馆、西班牙毕尔巴鄂的古根海姆博物馆、巴黎杜伊勒里公园、瑞士巴塞尔的贝耶勒公园、伦敦的泰特美术馆巡回展出。

三、现实与幻觉的公共感知

当代公共艺术在现实与幻觉的表现上为公众带来全新的感知体验。借助多种表现手法，公共艺术作品创造出虚实结合的空间效果，模糊了现实与幻觉的边界。这些奇幻的虚拟景象与现实场景相互交织，使观众仿佛置身于一个亦真亦幻的世界，极大地拓展了公共艺术在感知维度上的可能性。

这种对现实与幻觉的创新表现激发了公众对周围世界的重新审视与思考。例如，一些公共艺术作品通过对日常现实场景的夸张、变形或添加奇幻元素，打破人们习以为常的视觉认知模式。在城市公园中，可能会出现巨大的、看似脱离现实比例的花朵雕塑，花瓣呈现出半透明的奇异质感，在阳光的照射下闪烁着梦幻般的色彩。这样的作品让观众在欣赏时不禁对现实世界中花朵的形态、色彩以及人与自然的关系产生新的思考，突破了传统公共艺术单纯地反映现实的局限，引导公众进入一个充满想象与探索的感知空间，重新塑造公众对现实环境的感知方式与理解深度。

1950 年，安东尼・葛姆雷生于伦敦。他是英国当代雕塑艺术家，曾获得 1994 年特纳奖和 1999 年英国伦敦南岸视觉艺术奖，因创作英国最著名的公共雕塑作品、北英格兰的地标《北方天使》而闻名国际艺术界。中国观众对他的关注则更多地始于 2003 年由英国文化协会主办、安东尼・葛姆雷主导并与中国广州约 300 位不同年龄的普通村民一起合作的公共艺术项目“亚洲土地”。作品是由 21 万件手工陶人组成的大型装置，曾经在北京、上海、广州等城市巡回展出。

安东尼・葛姆雷毕业于剑桥大学三一学院，早年攻读的是艺术史、考古学和人类学等学科。这些经历都影响了他的创作道路。他经常特意选择当地出产的矿石品种作为雕塑的材料，还邀请美洲、欧洲、亚洲的普通民众与他合作，手工制作了数以万计的黏土小人。他的作品很少收藏在殿堂级的博物馆中，而是袒露在海边、城市里、天花板上，与周遭进行对话。他说“这是一种反人类学的尝试”。传统人类学深入原始之境，把当地文明带回博物馆、图书馆，而葛姆雷直接在栖息地做田野调查、采集材料、完成作品，再把它们放回到原本的环境中，与当地的景观互动。对葛姆雷而言，大地不是空白的画布，它有记忆、有感受，而艺术要与住在那里的人们血肉相连、息息相关。

安东尼・葛姆雷不仅是杰出的艺术家，也是一位善于思考的哲学家。他认为“艺术的意义在于交流生存的感受”，“真正重要的不是生命的表现形式，而是生命的真实历程。我尽量避免将经历与表现形式相连，虽然很多人将这样的连接称为艺术。其实它是不是艺术并不重要，问题在于你如何表现生命存在本身。我迄今为止所有的努力都在探索如何表现生命存在本身，如何在静止中表现生命存在”。葛姆雷借这些貌似戏谑的作品探索了人和空间的关系。那些闹市街头不知道要去往何方的铁铸人和玻璃房里的迷惘观众，都和艺术家共同完成追问：我是谁，我从哪里来，我要到哪里去。“作为一个艺术工作者，无穷的试验的可能性一直激励着我，它使我们重新去发现生命的意义，我一直在追问。”

葛姆雷不想继续罗丹的艺术语言，而是直接挑战古典雕塑的确定性，并且格外强调观众的主体地位。葛姆雷的大型公共雕塑群总是成为大众和媒体关注的焦点。“无处不在”也由此成为英国媒体为其作品使用最多的形容词。自1960年以来，他不断地探究人与自然以及宇宙之间的关系，从而批判性地分析自我的身体与他人的身体。由此，他的作品不断地挖掘了雕塑内部的潜能。一直以来，葛姆雷不断尝试将艺术作为一个创造新事物的地方，以此发掘艺术的空间。而这个空间里会出现新的行为、思想和感觉。1997年，安东尼·葛姆雷创作了大型公共艺术作品《别处》。100个铸铁人体塑像被放置在德国库克斯港的浅滩上，作品在海滩延绵2.5平方千米，深入海水1000米。每个人体都面向海平线，相距50米至250米不等。有的挺立在沙滩上，有的没入沙地中，有的站立在海水中。因为地势高低不同，随着潮起潮落，人像时隐时现。葛姆雷希望他的作品在某种程度上参与到海滩的日常生活中，并与潮水的静止和运动融为一体。

2006年，100个铸铁人体塑像再次现身，这次是在意大利南部卡坦扎罗附近的一个遗址公园里。作品《时间层》覆盖了8.5万平方米的场地，人像分布在古老的广场、竞技场、卫城……或只露出下巴，或竖立在2.75米高的基柱上，或错落在3000棵橄榄树之中。这些人像全部体态颀长，锈迹斑斑，没有衣裳和表情，并且全部都由几百千克重的铁铸成。组装时还特意留下了白色的接缝和模具的痕迹，借此表明这些全是机械再生产的产品，来自工业化的制作过程，和庞贝城留下的遗迹不同。而当被问到为何如此执着于针对“身体”的创作时，葛姆雷回答道：“我对身体的回归是尝试找到某种世界性，不是在艺术的内在世界里分析，而是在生命的、宇宙的世界中寻找。身体不再是叙事、解释、宣传或表述历史的工具，而是一种经验。”

葛姆雷说：“地球自转、公转，宇宙中的每一个物体本身就是转动的。”当他把雕塑散布在宽阔的场域中时，观众也是主体。他说：“是你们携带着上一件雕塑的记忆，走到下一件那里去，是你们把男人带到女人面前，把女人带到小孩面前。”而观众在地表上留下车印、足迹时，也自然地成了作品的一部分。2006年夏，葛姆雷在马尔盖特历时6个星期完成了公共艺术作品《废弃的男人》，作品使用了收集当地的30吨回收废料。和以往金属铸造完成的作品不同，这一次作品搭建后付之一炬。作品材质是家庭生活的原材料——床、桌子、餐厅的椅子、马桶、办公桌、钢琴和垃圾，通过32分钟的燃烧转化成全新的艺术能量。

四、观念造境与公共话语

当代公共艺术通过观念造境构建起独特的公共话语空间。观念造境意味着艺术家运用各种艺术手段营造出一种特定的情境或氛围，传达某种思想观念，引发公众的讨论与思考。例如，在城市广场上设置一组关于环境保护主题的艺术装置，艺术家通过废旧材料的组合搭建出一个被污染的地球模型，周围环绕着象征濒危物种的雕塑，整个场景营造出一种危机四伏的氛围。这种情境的设置并非单纯地为了展示艺术技巧，而是旨在引发公众对环境保护问题的关注与讨论，促使公众思考人类行为对地球环境的影响，从而在公共空间中形成关于环境保护的公共话语。

公共艺术的观念造境能够推动社会议题的讨论与解决，促进公共政策的完善。当艺术作品所传达的观念引发广泛的公众关注与讨论后，会形成一种社会舆论压力，促使相关部门重视并采取行动。例如，一些关于城市交通拥堵问题的公共艺术作品，通过夸张的车辆堆积造型、动态的灯光效果等营造出交通混乱的场景，引发市民对交通问题的热议。这种公众舆论的形成可能会促使政府部门重新审视城市交通规划，出台相关政策改善交通状况。从这个意义上说，当代公共艺术通过观念造境参与到社会公共事务的讨论与推动中，成为公共话语的重要推动者与塑造者，发挥着独特的社会功能。

（一）布鲁斯·瑙曼

1941 年，布鲁斯·瑙曼出生于美国印第安纳州，大学时学习了物理、数学和艺术，特别学习了古典音乐和哲学，这些都对他以后的艺术实践产生重要影响和作用。瑙曼的创作范围很广，是20 世纪60 年代观念艺术的先锋之一。其创作类型涉及广泛，如玻璃纤维雕塑、行为表演、霓虹灯浮雕、电影、录像、互动装置等。瑙曼坚持认为，审美经验应该取代实际的对象。感知本身可以看作瑙曼作品的主题，也就是说，观众面对艺术品时实际感受到的是他们自己的身心。瑙曼的艺术风格看似平平无奇且晦涩难懂，但就是通过这种观念性的实验，他的创作给当代艺术的形式增加了新的范畴和无数可能性。

瑙曼一直认为自己是一位雕塑家。从学生时代起，瑙曼便开始制作雕塑作品。他最著名的雕塑作品无疑是创作于 1965—1968 年的《铸造我椅子下的空间》。人们经常喜欢拿这件雕塑作品和英国艺术家雷切尔·维特里的关注“实体周围的空间”的雕塑作品相比较。瑙曼经常使用霓虹灯文字作为观念性作品的形式语言。1967 年的作品《真正的艺术家帮助世界揭示神秘真相》便是件螺旋形的霓虹灯管装置，像个酒吧里的广告，炫目的颜色在引发人们对这句话产生思考。瑙曼的思想对整个当代艺术世界产生了深刻的影响，这包括他在 20 世纪 70 年代初期创作的《走廊》装置，其中对空间和身体的另类阐释与摆设也给后来的艺术家们带来无限启发。

1992 年，第九届卡塞尔文献展策展人严·霍特曾经邀请瑙曼，并希望他能效仿 1977 年卡塞尔推举博伊斯那样让瑙曼成为当届卡塞尔的中心人物。但这个邀请被瑙曼礼貌地回绝了，他婉转地让作品 *Antro/socio* 代表自己，而他本人则谦卑地退到了作品后面。就像瑙曼本人在现实中沉默寡言的作风一样，他的艺术拒绝多余的修辞和阐释，几乎没有高举的宏大叙事或任何教唆。瑙曼的艺术属于个人的思考方式，最终安静地渗透到艺术的每个角落。2004 年，瑙曼的作品《原材料》应邀在英国泰特美术馆展出。作为一个回顾自身的作品，《原材料》汇集了瑙曼创作生涯中所有的文本内容，并转换成一件声音装置。

（二）安尼施·卡普尔

1954 年，安尼施·卡普尔出生于印度孟买。20 世纪 70 年代初，他来到伦敦，在霍恩西艺术学院学习艺术，此后一直在伦敦从事艺术创作。因为他的文化背景，其作品被视为印度和西方精神的结合。

卡普尔在世界各地创作了大量的公共艺术作品，其神秘的雕塑外形被世人赞叹及敬佩。这些作品往往是以简洁的弧线、鲜明的形态表现的大型反光雕塑。位于芝加哥千禧公园的《云门》是卡普尔的一件代表性作品。芝加哥人称其为“豆子”，因为它的外形酷似一颗豆子。这颗“豆子”是由多块不锈钢钢板焊接而成的，经过高度抛光后，形体表面平滑流畅、浑然一体。整个雕塑长 20 米、宽 13 米和高 10 米，重约 100 吨。艺术家用简单的造型和庞大的尺寸营造出一种奇异迷幻的氛围。芝加哥的城市景观投射到“豆子”表面上，它柔和的弧度和凹凸使反射影像的视觉效果变幻莫测。在这件作品里，卡普尔探索出作品和周围空间达成一种交流与再生的可能，而不仅仅是塑造“豆子”本身。2006 年完成的作品《天镜》是和《云门》创作观念类似的公共艺术作品，也是卡普尔的代表作之一。该作品是一个直径约为 10 米的凹面镜，安置在纽约洛克菲勒中心的露天公共空间中。它像是这个城市的一只眼睛凝望着天空，用一种魔幻的方式拉近了天与人的距离。

卡普尔是一位“营造”的大师。他的作品更注重空间美感而不是物体本身。空间本身潜藏着感官材料的物质限制，同时又以一种修改和扭曲的方式使得其领悟性和审美经验得以增强。卡普尔的作品里营造行为的意义是扑面而来的，特别是当感官游戏或幻想同时存在的时候。例如，在为 2012 年伦敦奥运会设计的巨型雕塑《阿塞洛·米塔尔轨道塔》中，螺旋形钢铁框架构成循环动态的外形，带领着观众做一次奇幻的感官体验。《阿塞洛·米塔尔轨道塔》高约 114 米，站在其观景平台上，人们可以俯瞰奥林匹克公园全景以及欣赏伦敦的天际线。

综观卡普尔的公共艺术作品，可以说，每一个系列在外在形式上都存在很大的差异性，但在艺术观念上独具匠心。卡普尔自己却说：“我的作品，没有全新的东西，我的每一件新作品都是萌生于以往的作品之上，也就是说，对于我来说，我所有的观念都来源于以前的某些想法。”

第三节　公共艺术发展新动力

一、过去与未来之间

在文化理念更新的当代，公共艺术已经成为推动艺术创新的重要引擎。公共艺术不仅是城市文化的重要组成部分，也是城市的气质所在。公共艺术不仅能够提升城市文化形象、大众审美水平，实现美育普及，还有助于提高民族文化的认知和认同。

纽约曼哈顿西区的高线公园（High Line Park）源自1930年建成的高架铁路，用于肉类加工品和货物的运输。自1980年停运后，这条铁路在接下来的20年里几度面临拆除，高架上长满了野草，无人问津。1999年，两位当地居民自发创立了“高架之友”（Friends of the High Line，FHL），试图保护这个特殊的城市风景，将其改造成公园。此后，高线公园在FHL组织的大力保护下，终于存活了下来。

高线公园的一期工程是最南端的三分之一段，从甘斯沃尔特街延至西二十街，长约0.8千米，途中横跨第十大道。公园第一段改造由混凝土和绿化景观带组成，改造时留下了生长繁茂的野花野草，还在某些区域保留着原先纵横交错的铁轨。即使夜间，行人也可以在草丛中行走或闲坐。这里保留了大量之前铁道的铁轨、枕木以及两旁铁制的围栏，让众多土生土长的植物沿着铁轨两旁生长，充满生命力、绿意盎然的植物，灯光柔和而均匀，光源都隐藏在膝盖以下的高度，而从空中俯瞰，线状的光源流动而有韵律，让原本凋零的铁道又活了过来。2009年6月，一期工程开放后，高线公园受到了出乎意料的欢迎。公园接待了超过400万人次游客，纽约人和游客各占一半，是市内单位面积内访客人数最多的景点。FHL组织与纽约市签订许可协议，通过私人筹款支付90%的公园人员和日常维护运营开销，并组织公共节目和周边社区联谊活动。

如今，高线公园被建成为独具特色的空中花园走廊，为纽约赢得了巨大的社会经济效益，成为国际设计和旧物重建的典范。无数来自世界各地的人们，走过这段距离地面约9.1米高、跨越22个街区、总长约2.4千米的高线空间，一面领略着500多种本地土生土长的植物的野趣，一面穿梭在仿佛电影片场一般的曼哈顿摩登大楼丛中——而与之相呼应且令人震撼的另一面，则是隐藏在这座空中花园绿道背后的城市传奇。艺术家在此可以充分发挥创意，甚至推翻之前的想法。公园的线性空间与路边植被、周边建筑紧密相连，且无庇护，艺术作品要经受自然风雨和游人反应的双重考验。公园艺术团队在创作阶段为艺术家提供建议，保障艺术品安全，同时使用多样化材料创作。

在全球化与数字化交织的新语境下，公共艺术的时代性体现为通过数字化现代科技手段对艺术表现形式的创造性应用，打破艺术形式的单一性，满足不同群体的文化需求。从北京奥运会开幕式水雾特效设计到上海世博会浙江馆设计主创之一，从杭州热波音乐节上裸眼3D的广泛影响到创作国内首个大型户外“全息视效”幻影艺术，再到参与杭州武林广场光影作品创作，很多作品都选择光影与一个极大空间产生互动关系。

北京首钢园是在原有工业管廊的基础上改造而成，是一个集慢行交通、观景休闲、健身娱乐于一体的空中线性公共空间。这里是国内保存最完整、面积最大的钢铁工业生产厂区，曾是北京的工业心脏，有着辉煌的历史。从1919年诞生到2005年停产搬迁，首钢为了首都的环保问题，搬迁离开北京。工业区外迁后，首钢园经过改造变成了遗址公园，现代风格与工业风格的完美融合，成为朋克未来风的拍照胜地。

三高炉是首钢园的“明星高炉”，是首钢第一座炉容超过2500立方米的现代化大型高炉，曾是一座对北京乃至中国钢铁工业发展有重要贡献的“功勋高炉”。作为园区首个改造的高炉，该设施设计采用“修旧如旧”的手法，在保留高炉主体、热风炉、重力除尘器等核心工业构筑物的基础上，改造为全球首发中心，浓浓的工业文化感与赛博未来感交织，成为园区必打卡地标之一。

首钢园还运用5G＋MR（Mediated Reality，混合现实）技术，最大限度地保留工业建筑风貌，在工业遗址上叠加首钢百年炼钢史数字图层，人们通过智能眼镜可目睹1919年炼钢场景与现代冬奥赛事时空交融，为公众带来沉浸式文化体验。这体现了数字技术在公共艺术中的应用，打破了艺术形式的单一性，满足了不同群体的文化需求。

首钢园既是北京工业辉煌历史的见证者，同时也是2022年北京冬奥会自由式滑雪和单板滑雪大跳台项目的举办地。钢铁与鲜花在这里绽放，科技与自然在这里碰撞，过去与未来在这里交融，公共艺术赋予了工业遗产以新的生机，也给了人们更多更美好的审美空间。

二、公共艺术回归校园

从某种角度而言，校园是一个特殊的公共文化空间。它必须通过大量的经济投入来保证其未来的发展。正如企业要通过建立企业文化来增进公共关系一样，校园也需要把艺术当作一种综合实力和形象营销的工具来使用。不同之处在于，校园的特殊地位使其能为艺术提供特殊的语境，而大部分企业都无法做到这一点。校园是一种精神性场域，为人提供受教育的机会。然而，并非每所学校都拥有艺术，能有远见去收购艺术品并建立美术馆收藏这些作品的学校更是少之又少。很多人都愿意来到学校参与各种文化活动，共享其讲座、图书馆、体育馆舍等文娱设施。拥有艺术作品的学校，比许多其他公共艺术空间具有更多优势，其潜在的受众更有可能接受任何伴随着艺术作品而出现的文化和教育话题。

今天，大部分教育机构会允许部分公众来共享其设备和资源。当然，有些学校有意或无意地拒绝了这种做法，用大门和高墙筑起自己的空间边界。但即使是在渠道有限的情况下，公众仍然偶尔能到学校来进行自由的参观。这一点与美术馆有很大的不同，美术馆通常会收取门票费用或采取预约制，而且话题都是特别围绕艺术而展开。相反，在大部分学校中，人们可以追求各种各样的志趣，而艺术只是其中的一种选择。校园文化与艺术的多样性可以减轻人们在面对艺术时所产生的专业压力。在这里，艺术只不过是综合教育的一个组成部分，这种环境让校园成了艺术的理想栖居地。校园空间的开放和多样性为室内外艺术、永久性艺术和暂时性艺术等各种类型的艺术都提供了展示舞台。大部分学校在翻新或添加新设施的同时，创造了大量新的校园公共艺术空间和开展艺术项目的机会。

如今，许多学校更加重视提升自己容纳公共艺术的能力，并不断进行着探索。美国加州大学圣迭戈拉荷亚分校的“斯图尔特展藏”项目探索了校园公共艺术各种新的可能。“斯图尔特展藏”是该校园里一系列公共艺术藏品的总称。该校成立于1962年，所处地势可望见太平洋的美丽风景。该校虽以科学成就而著称于世，但其对公共艺术项目的支持与推进也令世人称赞。1981年，一位名叫詹姆斯·斯图尔特·德·席尔瓦的当地企业家与学校签署合作协议，学校将成为艺术藏品的展览地，而私人机构斯图尔特基金会为此支付一切开支。获得学校的校长支持后，“斯图尔特展藏”绕开了许多限制公共雕塑藏品数量的繁文缛节。其艺术作品与校园生活进行了有效结合，已经达到随处可见的程度。“斯图尔特展藏”的最初构想就是要体现技术与品位的多样性。展藏也并非试图为所有人展现公共艺术的方方面面，而是聚焦于与展示场域和校园活动有直接关系的户外雕塑作品。

亚丽克西斯·史密斯的作品《蛇径》就探讨了伴随教育而产生的机构和个体责任之间的问题，用艺术的方式为人们提出了告诫。该作品是一段约170米长、3米宽的山间小路，路人要沿着这条路爬上山才能抵达学校的中央图书馆。铺路石与蛇皮的花纹类似，“蛇尾”在山下，其分叉的“舌尖”则在顶点伸进了图书馆入口处。小路曲折向上蔓延，途中要经过一处石刻纪念碑，上面镌刻有约翰·弥尔顿《失乐园》中的一段话，还围着一处圆形小花园绕了一圈，以此寓意伊甸园。《蛇径》睿智地表现了学校纲领与使命之间的关系，同时也为人们提供了一条便利路途来出入图书馆这一重要研究设施。

作为校园的实体和象征性的信息聚集点，图书馆确实为艺术家提供了思考和创作灵感。“斯图尔特展藏”集合的公共艺术并不是装饰品，而是针对校园独特精神空间的思考性的作品。虽然每件作品都能离开实体独立存在，但作为集合放在一起时，便呈现出一种更有凝聚力的视觉结构，一种展现校园多样性和实验性的学术概念与氛围。展藏也正是通过这一方式用平民主义理念展现了公共艺术在校园内的可行模式，显然这种模式也能延伸到校园之外。

三、非营利性组织与公共艺术

今天，非营利性组织越来越成为促进公益事业发展的重要力量。在公共艺术领域，非营利性组织之所以也可以发挥有效作用，是因为它们的理念和方法可以直接实现真正的民主选择，能够与其他人文学科和社会群体实现多样化的合作。例如，在这种互惠互利的关系中，非营利性组织也可以与政府机构达成合作，获得更多的合法性和影响力，而私营机构的公益思想同时又为传统部门注入了新活力。在一个前景无限而资金有限的艺术之路上，这样的公私合作的伙伴关系可能会给创作、维护和发展公共艺术提供更多新的解决方案。这种良性的伙伴关系往往在公共艺术项目的策划阶段就开始强调社群参与的重要性。

1978—1985 年，著名的公众型非营利性组织剑桥艺术委员会与马萨诸塞州海湾交通管理局达成合作，共同发展波士顿地铁系统的“地铁线艺术”项目。剑桥艺术委员会是项目执行方，而资金则通过马萨诸塞州海湾交通管理局由美国运输部提供。“地铁线艺术”项目鼓励、支持创作了许多优秀和持久的场域性公共艺术作品。项目运行力求民主、开放，并接受公众监督。因此，该项目也为其他城市塑造了榜样。来自不同社区的艺术专家参与挑选、评定艺术作品，而当地社区成员也被邀请作为咨询顾问。这一做法不仅为了得到他们的帮助，同时也为了让他们更好地理解每个公共空间的特色与社会背景。许多包括马萨诸塞州艺术家在内的艺术群体都参与了该项公共艺术的进程。

马格斯·哈里斯为新波特广场地铁站创作了《手套循环》这一作品。最终，艺术家本人也成为该社区的一位常住居民。她经常搭乘此线地铁，并对地铁内的乘客们进行细致入微的观察，想办法与他们交流互动。在 1978 年一个异常寒冷的冬天，这位艺术家开始收集被乘客遗落在地铁里的手套，并用青铜进行浇铸。然后又将这些青铜手套散落在地铁站里。在漫长而深邃的电梯上，手套要么被只身丢弃一旁，要么高耸着堆在一起。这些手套象征着“地铁乘客的行为模式”，因为乘客们乘坐电梯到达站台后，要么独自站在一旁，要么聚在一起等地铁进站。哈里斯将该作品描述为一种日常生活的循环，并通过手套的拟人化本质将其完美地展现出来。该公共艺术项目为地铁乘客提供了一种生活意义的发现。《手套循环》也因此深深植根于公众意识当中。哈里斯本人表示，她每天看到这些作品都还会为之一动。在手套需要清洗时，人们甚至还会打电话反映情况。虽然，哈里斯后来的创作风格已经与《手套循环》有很大不同，但她仍对这组作品充满着喜爱和怀念，她每天往返地铁途中都会多次看到这组作品，这想必也是件幸事吧！

创意时代公司和公共艺术基金会是公共艺术领域中较为著名的两家非营利性组织。两家机构都在纽约，都成立于20世纪70年代，而且都较关注临时性公共艺术项目的推介，这与“地铁线艺术”项目有所不同。

创意时代公司最著名的作品是“沙滩上的艺术”项目（始创于1978年）。这项一年一度的季节性户外活动一直在展示一些合作性公共艺术项目，其结构和面貌每年都有所变化。

公共艺术基金会则以让尽可能多的观众来理解和欣赏当代艺术作为价值目标。公共艺术计划“给公众的信息”是一项从1982年开始，延续长达10年的系列作品。计划中的每位艺术家每月有20秒到30秒半的“节目档”，这些节目每天要在纽约时报广场上的大型广告牌上播放约50次。参与该公共艺术计划的艺术家包括珍妮·霍尔泽、埃德加西普伯约和巴巴拉·克鲁格等当代著名艺术家。出人意料的是，一些议题内容围绕着消费与艺术间的对立关系展开，往往简单的一段话语会令人深深触动。玛莎·罗斯勒在作品《住房即人权》中运用文字的特殊能量传递出来的信息，每天让约150万经过的观众在不知不觉中与艺术相遇。

公共艺术基金会“在公共领域中”计划中的一些项目理念也展现出同样意味的探索与挑战。克里斯汀·希尔的作品《导游?》是一次兼具延伸性和开放性的公共艺术实验。艺术家在作品实施中带领付费游客在纽约SOHO商业区进行高度个性化的步行观光游，用行为艺术的方式展现出很大的随机性和偶发性。杰夫·昆斯的标志性作品《小狗》也是一个例证，该作品于2000年夏季又重新在洛克菲勒中心前展出。该作品是一个约13米高的西部高地小猎犬雕塑，雕塑表皮由7万盆盆栽花草构成，其内部同时为这7万盆花卉提供灌溉。《小狗》故意显得憨态可掬，同时又对大众消费文化表示出认可和尊重。昆斯认为艺术品一定要作用于观众，他经常以日用品的复制品、可爱的卡通形象不断地给世人带来一个又一个新的视觉冲击。劳伦斯·韦纳的作品《纽约城井盖》由曼哈顿下城区不同街道上的19个井盖组成。虽然这组作品完全以功能性为基础，却在司空见惯的事物中创造了一种独一无二的神秘语境，借此对城市规划网络以及在这一网格中不断转换的种种物质和个人关系形成了一种指代与介入。

公共艺术基金会的项目都具有一种典型的普通大众情结。其内容和形式对广大而多样的观众而言简单易懂，但对其含义的解读则无定论可言。这些以普通大众为主导的尝试创造了许多凸显临时性的公共艺术作品，这一点意义非凡。然而，对许多艺术家和艺术机构而言，公共艺术项目成功与否还是要看其是否具有持久性。持久性能赋予艺术作品以稳定的价值延续，证明作品的优秀足以让人世代观赏保留。不过，对持久性的过于重视，会让作品实体性和影响力凌驾于公共艺术的其他方面之上，而这显然不是当代公共艺术的价值方向。

四、“无形的纪念碑”

虽然纪念碑的表现形式一直在不断变化，但它仍旧是公共艺术中最持久的创作主题。当代公共艺术正以一种“无形的纪念碑”的形式，突破传统物质形态的束缚，通过数字技术、社会参与和观念革新重构纪念性。这种新形式不仅扩展了公共艺术的边界，更成为推动社会对话与文化反思的重要力量。

传统纪念碑以物质实体作为历史叙事的载体，其空间在场性与时间耐久性构成了纪念性的双重维度。然而，在数字技术渗透公共空间的今天，秘鲁利马率先打破了这一物质界限——艺术家团队通过3D激光扫描技术，将一座因资金中断而未完成的桥梁遗址转化为可交互的数字档案。公众通过手机App进入虚拟空间，不仅能看到桥梁的设计蓝图在现实场景中“生长”，还能查阅每一根钢筋的浇筑日期与施工日志，使城市规划失败的历史瞬间转化为可触摸的数字记忆体。这种“数字废墟”的创作手法，巧妙地将未完成性转化为纪念性的核心要素，正如项目策展人玛利亚·加西亚所言：“我们不是在重建过去，而是在激活那些被遗忘的可能性。”

2022年爱丁堡艺术节期间，艺术家伊恩·汉密尔顿·芬利的后裔团队通过投影技术，在残垣断壁上投射出动态的几何图形，这些随观众移动而变形的光影，隐喻着历史叙事的可塑性。该项目虽非严格意义上的AR应用，却创造性地利用了建筑的物理残缺，通过光与影的非物质媒介，实现了“虚拟完成”的纪念性表达，其技术逻辑与希腊文化部2023年推出的“Chronos” AR项目形成跨时空对话——后者让游客在雅典卫城通过手机看到帕特农神庙的原始色彩与完整形态，尽管这种“数字修复”因文物原真性问题引发争议，却无疑拓展了纪念性的技术边界。

当上海码头号子在2006年被列入首批国家级非物质文化遗产名录时，如何将这种口传心授的集体记忆转化为公共艺术作品，成为艺术家面临的挑战。2020年，创作者在上海十六铺码头安装了12个定向音响，每个音响对应不同历史时期的码头劳动场景，当观众走过特定区域时，会触发相应的号子声与装卸机械的环境音。更具突破性的是，项目设置了“声音传承站”，市民可通过录音设备录制自己演唱的号子，经人工智能技术处理后与历史音频混合，形成不断丰富的声音档案库。这种“声音纪念碑”的新形式，彻底颠覆了纪念碑作为静态实体的传统认知，使非物质文化遗产以动态参与的方式存续于公共空间。

在日本横滨，“港湾记忆声波装置”则将声音纪念与地理信息系统相结合。艺术家小谷元彦收集了20世纪50—80年代横滨港的船舶汽笛声、起重机作业声和渔民歌谣，通过声呐技术将这些声音转化为可见的声波图像，投射在港口防波堤上。每晚涨潮时，海水拍打堤岸的节奏会与历史声波产生共振，形成时空交织的声音景观。该作品被横滨市指定为“动态文化遗产”，其创新之处在于将声音从时间维度拓展到空间维度，使纪念性不再依赖视觉符号，而是通过听觉体验激活集体记忆。这种声音纪念碑的实践，与德国作曲家卡尔海因茨·施托克豪森的“空间音乐”理论相呼应，证明了非物质媒介在建构公共纪念性方面的独特潜力。

传统纪念碑追求“不朽”，而当代公共艺术中的各类无形纪念碑则常常拥抱“消逝”。艺术家迈克尔·鲍尔使用可降解的盐砖建造了一座高 8 米的方尖碑，邀请参观者在砖块上刻写反法西斯誓言。随着雨水冲刷和风化作用，刻痕逐渐模糊，碑体逐年缩小，最终在 2020 年完全消失。项目档案显示，其间共有超过 3.7 万人参与刻写，留下的影像记录成为比实体碑更重要的纪念载体。这种“过程性纪念”的创作思路，将纪念碑的价值从物质存在转向行为参与，正如鲍尔所说：“真正的纪念不是凝固历史，而是持续激活反抗不公的意志。”

在我国厦门，艺术家徐冰的“背后的故事”系列虽非专门的纪念碑作品，但其创作理念极具启示性。作品利用展厅后墙与观众之间的空间，用树枝、废纸等日常材料在背光处搭建出传统山水画的轮廓，观众在正面看到的是清晰的水墨图像，绕到背后则发现“画作”的物质真相。这种“所见非所得”的视觉诡计，隐喻着历史叙事的建构性，为无形纪念碑的创作提供了观念范本。

当我们回望当代公共艺术的发展轨迹，“无形的纪念碑”的兴起不仅是艺术形式的创新，更是一场关于记忆、权力与公共性的文化革新。这些实践共同证明：纪念碑的本质不在于物质形态的永恒，而在于其能否激发持续的社会对话。在数字技术与社会观念剧烈变革的今天，“无形的纪念碑”以其对传统纪念范式的解构，为公共艺术注入了更多的新动力。

然而，我们也必须清醒地认识到，这种新动力同时伴随着技术伦理、文化公平等多重挑战。“无形的纪念碑”要真正实现其社会价值，就不能停留在形式创新的表面，而应深入思考：如何在数字复制时代守护记忆的本真性，如何在技术赋能的同时确保文化多样性，如何在公共参与的过程中培育批判性思维。

或许，“无形的纪念碑”的终极意义正在于它的开放性——它不提供现成的答案，而是设置持续地追问；它不追求永恒的存在，而是鼓励不断地介入。在这个意义上，每一座“无形的纪念碑”都是一个未完成的公共议题，等待着不同时代、不同背景的公众去填充、去诠释、去回应。这正是公共艺术在数字时代的核心使命：不是塑造凝固的历史坐标，而是成为激活公共领域的永动装置，推动社会在记忆与遗忘、传承与革新的辩证中不断前行。

第三章　当代公共艺术空间创意设计

第一节　三种公共空间语境下的公共艺术

一、私人领域与公共艺术

公共领域具有多样性、多变性和争议性的特点，同时其内容的总和又源自所有公民的私人生活，公共艺术固有的这种私有性内质，决定了大众与公共艺术的相遇将是一次私人体验。在公共艺术发展的早期阶段，西方优秀的公共艺术作品持续出现的时期始于帝国时代，那时的王亲贵族和罗马教皇出资并挑选优秀艺术家对处于萌发期的公众领域进行艺术创作。而这些领域的所属权力还是控制在少数人手中。这是由少数人所决定的“公共艺术”，在这里我们可以称其为“私人领域”的公共艺术。这种模式的优势在于：第一，公共艺术领域在私人的资助下得到极大的丰富和发展；第二，这种由艺术家统揽全局，把空间作为整体进行构思，而非分割成单个物体进行艺术创作的方式更有利于公共艺术的良性发展；第三，经济自主权能提高创作的自主性。在当今社会里，大众无疑已成为当代公共艺术的参与主体，公众权利在公共事务中所发挥的优势作用也有目共睹，但同时也应关注到“私人领域”对公共艺术的潜在贡献。

著名的公共艺术作品《凯迪拉克牧场》就是以富有且有个性而出名的艺术赞助人斯坦利·马什委托完成的。他所资助的公共艺术项目向人们阐释了从委员会选票和公共关系授权体制中解脱出来的公共艺术所能表现出的活力。如果沿着美国 66 号公路行驶，人们可以看见这样奇特的景象：在得克萨斯州的一座牧场上，10 辆经典的凯迪拉克汽车被以特定的角度埋在坚硬的泥土中，车头朝下，而车的尾鳍高高翘起，与漫无边际的平坦大地形成了鲜明的对比。这便是《凯迪拉克牧场》。几十年过去了，这些汽车的车窗已经消失，有的甚至连车门都不见了。车身被涂上了各种颜色，甚至还有鲜艳的霓虹色喷漆。虽然没有牌匾，也没有人解释这些汽车为何以这种方式保存，但游客们还是络绎不绝地来到这里，所有的人都可以自由地在车身上用喷漆留下自己的印记。

马什认为自己是艺术家，他经常与一个被称作“炸药博物馆”的当地青年艺术家团体合作，开发并完成他的公共艺术项目。其中，最值得注意的要数阿马里洛市和邻近城镇之间的交通标识，其数量多达5000个，并且每一个上面都包含有独特的信息。炸药博物馆和很多商业公司共同合作，将很多官方的街道标识进行复制。这些交通标识都呈菱形，有着夸张的印刷字体，标识同时带有很多娱乐性和令人烦恼或困惑的图像与文本。尽管这些标识让所有人都可以清楚地看到，但它们并不是随意放置的，而是应所在地主人的要求安插在其“私人领域”中的。一些艺术爱好者会沿着阿马里洛市的街道进行类似寻宝一样的游巡，寻找那些公众所拥有的“私人”艺术标识。马什的个人基金会向公众提供免费、原创的艺术作品，它们不仅出现在城市广场，也出现在个人家庭中。作品所有者搬家的时候可以带走这些标识，或者他不再需要该标识时也可以随便扔掉。

马什回避了很多公共艺术的传统套路，他的项目和作品扩大了受众范围，具有本质上的平等性。这些项目和作品让人们从社会地位和金钱的束缚中解放出来，让那些没有机会接触艺术的人开始接触艺术，甚至变成了艺术的拥有者。事实上，虽然也存在一些令人遗憾的限制和不足，但在私人领域里还是出现了很多在形式与观念上强有力的、独具匠心的、有真知灼见的公共艺术作品。而它们的存在为公共艺术的发展路线提供了参照，并且不断地提醒我们，公共和私人领域是相互依存的两个整体，它们各自的“结构”在相互衬托和互补的功能中得以重新确立。

二、主题性空间中的流行文化与公共艺术

现代娱乐产业使诸多创意性的想法得以变成现实，并且创造了很多主题性环境和城市娱乐场所（Urban Entertainment Destinations，UEDS）。该术语由社会学家约翰·汉尼根提出，通常是指一些大型的主题空间环境，它们致力于开发高度体验式的大众娱乐方式，在整个相对封闭的环境中，观众可以自由穿梭、参与互动，而不只是被动地观看。现代UEDS所包含的丰富信息拓宽了人们对于“公共艺术”的定义，将很多以往几乎不被认为是“公共”或“艺术”的作品和场域纳入讨论范畴。这不是要改写公共艺术领域的整体范畴，而是对其边界进行部分调整。这就要求我们努力构建更为广义的公共文化概念，使其交织成共同的具有公共意义的体验网络，而不使其沦为某项流行一时或转瞬即逝的娱乐活动。这种公共艺术的思维方式打破了一些已有的关于消费文化深度和价值的预设，要求我们撇开对于诸如游乐场和主题公园等地方已有的论

调和偏见。

在这些场所创作的“艺术”形态并不都具备纯粹的艺术或思想价值。正如艺术家马塞尔·杜尚所说：“艺术也许是劣质的，也许是优质的，也许还是无关紧要的，但无论我们使用了什么样的形容词，我必须称之为艺术，就像我们把坏情绪也称之为情绪的一种一样，劣质的艺术也是艺术。”同样，美国艺术评论家阿瑟·丹托认为：“一件作品可能是良好的公共艺术，也可能是较差的、无关紧要的艺术。这让审美标准的深度无关乎事物的实质和实效。”尽管人们不希望将“公共艺术”从“艺术”中分割出来，也不认为审美标准是不重要的因素，但有时确实需要这样的标准对公共艺术作品“撑腰”。虽然，持否定观点的人仍抱怨它们是回避社会问题的肤浅的娱乐活动，但城市主题性场域仍然是经过精心构思和展示艺术设计的重要的当代公共艺术形式。事实上，为公众提供娱乐、消遣和放松的机会并不是微不足道的事情，艺术不一定处处都要让人得到心灵的彻悟和精神的洗礼，那些最令人不满意的艺术体验通常都是那种站在道德制高点说教的高谈阔论。但是批评者认为，主题场域的流行文化令人浮躁不安，甚至具有某种胁迫感。随着时间的推移，这类环境中的空间也将变得陈旧乏味，在这里，一个地方的本来面貌及其相关的社会关系被抹杀殆尽。他们担心，这种新型城市文化的兴起是以牺牲正知正觉为代价的盲目消费主义。这样的城市文化表面光鲜，展现出无限的机遇，却是不断重复的、同质化的、苍白的都市主义。这里要明确两点：第一，想要为大众创造艺术的愿望应该首先建立在满足人们不同方面需求的基础上；第二，努力向流行文化取经是完全适当和必要的，这不是表明社会问题会被忽视和否定，事实上，受众可能更乐于从熟悉的方式中接受某些严肃的信息。

UEDS（如大型电影城、主题公园、游乐场等）的公共娱乐空间在全球不断拓展。这些大型的娱乐设施让它们所在的城市充满活力，也成为影响大众现代都市生活的重要文化方式。这些 UEDS 为“娱乐消费”而设计，经常强调参观者的参与和体验等娱乐理念。这些城市娱乐设施的开发者们推动了新型公共文化概念的兴起，项目价值体系的建立体现了这种文化对社会各个阶层都具有吸引力，它们没有压迫感且让人经济上可承受。今天，很多 UEDS 作为重振地区经济体的娱乐性景观而建。尽管有些批评者谴责娱乐场和主题公园脱离了艺术真正的身份与责任，也脱离了那些日常社会生活中的严肃主题，然而这些地方并不是专业的艺术场所，只是当代都市文化中闪亮的元素，具有振奋人心的潜在力量。它们经常可以创造出一种激动人心而且场景特殊的环境，轻松地营造出各种艺术体验，比很多传统公共艺术作品更受大众欢迎。这是因为大众通常不会将主题性场域看作艺术空间，它们所涉及的文化含义更加宽泛、易懂。它们的形式，让人们不会被轻易吓跑，并愿意融入其提供的各式体验之中。在美术馆里，艺术作品孤独地伫立在自己的意境中，整个环境被人们视为一种超然的艺术空间。而在主题性空间中，艺术内容只是整体概念的一部分。

美术馆里陈列的艺术作品处在相对严肃的艺术氛围中，而城市广场和街道上的艺术作品却似乎成了很容易被忽视的视觉背景。但是，主题场域是空间、科技、装饰、购物、美食以及其他活动构架的相互关联的整体，它创造了统一、连续但又相对离散的完整体验。这些文化空间确实在不断为大众提供着满意的身心体验。对于公共艺术感兴趣的人来说，能够认清这种新兴的公共文化现象所产生的力量比简单地贬低它的价值更有意义。

今天，在世界各地旅行，尤其是在一些著名的历史文化空间中，人们经常会与各种意在还原历史场景的仿真群像相遇。他们带有明显的精雕细琢的模仿意味和图解历史事件的作用。这种精准的再创造是纯粹的复制品，模糊了现实和模仿、历史和重现以及原始和映像之间的边界。这些复制品并不是以平面的图像呈现的，而是按照原始尺寸进行完美的复制。历史故事在这样的“复制”中变得“不朽”。大型革命历史题材泥塑群像《收租院》的创作在新中国美术史上是一个重要事件。《收租院》于1965年由四川美术学院雕塑系师生、当地美工、民间艺人历时数月集体创作而成。泥塑群像以四川省大邑县地主刘文彩为原型塑造了旧社会地主残酷盘剥农民的场景。群像共有人物114人、道具108件，有“交租”“验租”“风谷”“过斗”“算账”“逼租”“反抗”7个部分（另有“上山打游击”一节）。整个作品包含26个情节部分，全长近100米。泥塑群像运用声画元素形象生动地再现了旧社会农村两个阶级之间剥削与被剥削、压迫与反压迫的关系，具有强烈的思想性和政治性，对当时中国开展的社会教育运动起到了很好的宣传和配合作用。作为一组叙事性的群体雕塑，《收租院》的价值更多的是在20世纪中期中国雕塑向现代化演进、探索雕塑艺术民族风格与强化现实主义风格创作的过程中，起到了重要的、里程碑式的作用。《收租院》泥塑群像先后到北京及全国各地进行巡回展览，各地竞相模仿复制。作品历时10多年，总参观人数以千万计，高峰期达每天近万人次。1999年6月，艺术家蔡国强受策划人史泽曼邀请参加威尼斯双年展，展出观念艺术计划《威尼斯收租院》。他从国内请来9位雕塑家，现场制作这组极具代表性的群雕《收租院》，并获得双年展最高奖项“金狮奖”。

主题性空间中的公共艺术要将空间的审美用途和社会用途等同看待，不能偏重任何一方。拉斯维加斯的威尼斯人酒店仿造意大利水城威尼斯的风光，包括叹息桥、圣马可广场、钟楼、刚朵拉等著名景点。酒店范围内到处都是充满威尼斯特色的拱桥、小运河及石板路，特别是布置在二楼的每20分钟变化一次的人造天空，着实令人赞叹。旅客还可选择乘坐威尼斯传统的狭长小船，饱览沿岸景色，其参观人数和参观者的兴致并没有因为这一切都是仿制品而减少。同样，日本东京迪士尼乐园的“未来世界”也是游客络绎不绝，它成为孩子和家长们到东京旅游的重要理由。客观地看，流行文化对其使用者来说是有意义的，它帮助大众创造社会身份，重申欲求与人们日常生活中产生的强烈共鸣，从而推动社会身份认同的重建。公众不应该是受政府、媒体和文化产业操控的消费者。另外，后现代主义秉持文化相对主义的观点，主张文化评价应根据具体情况而论，这对流行文化一样有效。普通大众并不是被动地接受社会环境所给予的东西，他们仍保持着思维的敏锐度和主动性。他们会以自己独有的方式解读流行文化，并以出其不意的方式加以反馈和利用。

三、自然空间与公共艺术

在自然空间中的公共艺术天然地契合公共艺术自由、开放和公共的特性。在自然空间中，公共艺术的表现形式主要有地景艺术、壁画、雕塑等。通过巧妙的设计和创作，这些艺术作品可以与自然景观相互映衬，为自然空间增添独特的艺术魅力，使其更具吸引力和观赏性，形成更加优美的环境氛围，为人们提供了一个放松身心、享受美的空间。

地景艺术也被称为大地艺术，兴起于20世纪60年代，在70年代快速发展，有许多画家和雕刻家纷纷跑到户外，从事地景艺术的创作。地景艺术从环境艺术演进而来，强调艺术和自然的结合。它并不是通过艺术作品来改变大自然，而是艺术家在大自然不失原来面目的情况下，通过对大自然的加工或处理，使人们重新审视大自然，并从中得到与平常不一样的心理和视觉感受。其创作材料多直接取材于自然环境，如大到森林、河流、山岳、峡谷、平原等，小到泥土、岩石、原木、树枝、树叶等。当然，推土机、挖掘机等工程机械也时常被用作改变地景的工具出现在创作过程中。地景艺术不仅能给人们带来更多的艺术感受，也为人们理解艺术家的个人创作理念和公共艺术提供了重要线索。

尽管地景艺术与极简主义、观念艺术、雕塑、立体主义和装置艺术等具有重合之处，但其特点还在于对画廊和艺术代理商所代表的艺术市场进行强烈抗议。但其最矛盾的一点也在于，大规模的地景艺术项目往往耗资巨大，需要艺术家所"鄙视"的资本的支持。而且这些作品通常位于偏远地区，只有少数人才能进入，且作品全貌只能从空中观赏，需要相应的财力、物力支持。为了缓解这个矛盾，许多地景艺术家开始关注规模较小或更容易实施的项目。此外，很多地景艺术作品都是临时性的，其使用的自然材料往往会枯萎、腐烂、融化或风化，无法永久保存。艺术画廊和博物馆通常会通过摄影与录像来记录这些作品的痕迹，从而获得一定的商业收益。

第一代地景艺术家选择在广阔的土地上进行创作，他们和房地产开发商的工作方式相似：监管项目建设过程，与投资方谈判，获得土地使用权以及管理预算。但他们同时也是社区活动家，致力于提高人们的环境保护意识，并从当地政府和普通大众那里争取到广泛的支持。尽管他们的项目吸引了人们对于土地的关注，但他们更多的是在自然景观中强调了宏大的建筑设计思维。无论直接介入还是参与重新规划土地，他们在创作期间完全“掌控”了土地的命运，使其变成视觉艺术的载体。很多地景艺术家在寻求私人资助时意识到，好的设计理念是值大价钱的。虽然大多数地景艺术家都利用私人赞助经费作为资金来源，同时崇尚艺术家自身的独立见解，但这些地景艺术作品通常都秉持独特的公共艺术理念。它们让人们注意到了那些鲜被关注的自然空间，提高了自然环境和社会领域的互动。这些艺术家同样“蔑视”博物馆和美术馆的体制化授权方式对艺术的束缚。当环境无法完美地展现他们的意图时，他们就选择另辟蹊径。面对传统艺术体制内在的桎梏，他们“看不上”那些美术馆和画廊自我标榜的审美标准。他们像波普艺术家那样，在“通行做法”不甚奏效的时候，便去寻找替代的办法。没有了常规艺术机构和艺术惯例的束缚，他们表现出对艺术的反馈能力的高度个人化状态。他们依托自然空间进行思考，强调自然空间与人的共存关系。

著名的地景艺术家罗伯特·史密森在讨论艺术的存在和思想的短暂性时，呼吁要给艺术以更多的时间体验。他主张：艺术家不要受挫于先前经验的界限，应该脱离对艺术中理性技巧的关注局限，摆脱工作室和生活的压制，与素材和空间融为一体。《螺旋形的防波堤》是史密森的代表作品。该作品位于美国犹他州的大盐湖边一个荒凉的沙滩上。史密森把岩石和沙土用推土机推到盐湖红色的水中，形成了一个巨大的螺旋形状堤坝。这个庞然大物约 457 米长，螺旋中心离岸边约 46 米，顶部宽约 4.6 米。可以想象，在广阔荒凉的沙滩上，突然看到这么一个神秘的螺旋形状，肯定会产生一种惊讶和不可思议的感觉。它仿佛是远古人留下的遗迹，又不禁让人想到旋转的海风、蜗牛爬过的痕迹以及海螺身上的纹路。据说，史密森本人特别喜欢螺旋形。在这里建造这样一个旋涡图形的地景，源于盐湖城先民的一个古老传说。很久以前的盐湖城先民中，曾流传着一个盐湖通过一条暗流与太平洋相连，这条暗流不停吸入流水，在水面上形成了许多强大的旋涡水纹的说法。史密森借用这个传说，使这个“巨作”披上了神秘色彩和人文气息。史密森认为工业文明给人类带来了种种的负面影响，所以他迫切地希望通过艺术实践回到自然的荒野中去思考，寻找人与大地和谐的关系。

地景艺术家的创作范围通常都需要巨大的空间场域，采用创造性的技术完成他们的作品。他们的努力为社会大众参与艺术思索创造了更多的可能，也许在人们毫无察觉的状况下突破了现在和过去对艺术的局限认识。当然，大部分地景艺术作品强调的是独处和冥思，而不是追求公共语境中所弥漫的娱乐气氛。但是它们都需要复杂的工程和建筑方式以及不同工种间的协作才能得以实现。地景艺术将未开发、未使用过的自然空间转换成为可辨识的、具体的艺术背景和精神空间。这些作品大部分最初并不是为特定场所而设计的，但一个成功的地景艺术作品所营造的主题空间会形成独有的地方特色，从而传达一种其他地方无法模仿和取代的地域信息。这些与特定地域相融合的地景艺术作品违反了艺术可以自由移动和收藏的常理，但当人们思考其最终价值的时候，就会发现这些空间正在有意无意地反映着社会经济、文化状况的巨大变迁。

第二节　公共艺术的美学意蕴

近年来，公共艺术的发展已经使其成为艺术的重要门类，也成为人们体验美、感受美的重要美学实践活动，并将人和艺术与社会的关系推向了另一个空间——公共空间。从公众参与的角度来讲，艺术不仅是传统意义上艺术本质的再现，也是观众与艺术家在场域关系中的审美碰撞。然而，在当下公共艺术的发展中，始终存在一个矛盾，即审美公共性的实现存在困难——艺术家在作品的形式观念性和艺术语言表达上，与公众审美追求之间存在的矛盾。要想解决这个矛盾，必须解决两个问题：一是打破对公共艺术创作对象的形式化的理解，树立一种超越当下的、物化性的观念，从公共艺术的实践经验和思维方式对艺术作品的审美性进行探讨；二是打破公共艺术自身表现形式上的局限性和个人的经验理论，确立公共艺术在场域中的观念性与公众参与性的关联，引导公众面对公共艺术介入的能动性。从公共艺术的本质出发，在相对艺术物化和观念表达中通过实现审美公共性来获得观众的审美知觉，从而真正达到“人也按照美的规律来构造”的境界。这种“美”不是简单的外在于对艺术权衡的审美，而是通过审美实现观众对公共艺术作品内在的视知觉体验。越过艺术的功利性目的，从没有实用目的的审美途径去打破公共艺术的魔咒，就像康德在《判断力批判》中所提，审美判断是无利害的情感判断、无概念的普遍性、无目的的合目的性、无概念的必然性，通过审美批判恢复潜藏在艺术中的创造性、否定性、可能性、超越性，在人性中恢复理性、自由、美、生活的欢乐这些感受和感受方式，从而消解公共艺术自身的矛盾，实现公共艺术真正的美学价值。

公共艺术在创作过程中，艺术语言的表达由于行动与过程的介入是分开的，其场域性的特性决定了观众对艺术作品进行理解时不仅要透过艺术家对作品进行解读，而且要结合所处的空间性和场域性进行解读。公众参与到艺术作品当中，与艺术作品、空间、场域发生关系进行第二次创作，此时公共艺术作品的创作才被认为是完成了，作品中所蕴含的美学意蕴才能被观众正确地理解。

一、公共艺术意境范畴的感性之美

在人对美的理解中，视觉层面的美是感性的、直观的，而感性的、直观的美是通过人最直接的感性活动所表现出来的。公共艺术的审美要素除了创造性外，还包括审美交流，通过审美活动建立起艺术作品和观众之间的审美体验。而意境范畴在研究美的本质的同时，提出了革命性的观点——审美，不仅是对内在美的感知，同时也包含一种主观的判断力，通过审美活动来实现从对美的本体思考转向艺术作品的价值体系与观众视知觉体验。

理解意境范畴的感性之美要遵循人的“感官尺度”。人的感性表层内涵是一种认知机能，是“由外在感官形成的观念”。从客观意义上说，它是对自然世界中物象的一种感知。然而视觉对象与自然现象一样让我们的审美无法直接感知，公共艺术作为视觉空间艺术和博物馆架上的绘画不同，无论是视觉的享受还是视觉的压迫，在审美知觉中，人们只能被迫地接受。正如毕达哥拉斯探索的感性认知萌芽：“一般的感觉，特别是视觉，乃是一种很热的蒸汽。”视觉对象就是知觉对象，公共艺术的呈现就必须考虑人的心理和生理的感知尺度，这种尺度具有普遍性，指导艺术家从私密空间转向公共空间。丹纳曾说过：“艺术家本身，连同他所生产的全部作品，也不是孤立的。有一个包括艺术家在内的总体，比艺术家更广大，就是他所隶属的同时、同地的艺术宗派或艺术家家族。”虽然他是站在艺术家的角度，但从公共艺术的视角来讲，这一概念不仅包括艺术的派别，更包含着公众的参与性。当艺术家在全身心地按照自己的感知和所谓的“知觉”进行艺术创作时，不仅要考虑艺术本身的形式美感和呈现出的视觉感受，更要思考艺术作品在呈现时的人的感官审美需求。艺术作品的审美性与观众的审美视知觉体验相碰撞，透过外在形式的创作手法对其内在的美学叙事进行解读，艺术作品与观众在同一个时间维度上面，消除了观众的审视距离和方式所带来的差别，观众无论从哪个方面去审视公共艺术作品，只要艺术作品陈设的空间不变，作品当中所蕴含的美也不会发生改变，其观看的审视距离与时间维度在这个时候都没有任何作用。这一点与地景艺术、观念艺术有许多相似的地方，作品表达出的美学叙事方式也被观众所理解，达到了公共艺术的创作目的。

但仅仅遵循“感官尺度”是不够的，在此基础上要实现人的“情感尺度”。笛卡儿曾在唯理论观点中指出感觉不可靠，但他也不否认感觉对人生存活动的意义。受到了中世纪哲学家托马斯·阿奎那的影响，他将人的感觉分为两类，一类是外感觉，包括视觉、听觉、嗅觉和触觉；另一类是内感觉，包括欲求和情绪。那么，这里所提及的人的感性需求就不仅仅是从感觉获得，更重要的是一种内部的自我反省，从认知到达知觉、从视觉到达思维、从感受到达意欲的过程，同时也是一种情感尺度。公共艺术有其特定的场域，使艺术家在进行公共艺术创作时除了考虑艺术作品本身的语言表达外，还要结合作品所展示的场域环境，使其共同作用于艺术作品审美之中。由于个体的视知觉不同，对艺术作品的理解和诠释不同，很难使艺术作品呈现出统一的审美情感表达。就像贝克所概括的：“艺术世界是由所有这样的人所构成的，他们的活动对于这个或其他世界规定为具有艺术特征的作品之生产是不可或缺的。艺术世界的成员要协调那些活动，由此，通过涉及体现在共同实践以及通常被用作人造物中的惯例性理解来生产出产品。”那么在这里，贝克所说的“惯例性理解”，可以说是一种艺术惯例，在公共艺术中则体现为艺术家和观众之间所产生的审美视知觉体验，包括艺术品创作、艺术语言和抽象性观念表达，使艺术家和观众之间共享了某种在社会生活中所积累的体验与思考，实现了观众的欲求和情感，只有这种情感的“共鸣”才能真正使公共艺术的呈现获得人的感性活动的价值。

在感性的认识中，公共艺术作品的审美叙事解读应该抛开自己对物化所形成的先验理论，不能将艺术作品的外在形象表达与现实物化等同于一体。例如，在公共场合中看到一个外在形象很大的夹子，人们不能将生活中的夹子功能挪用过来对这件艺术作品进行解读，哪怕是外在艺术语言真的很像生活中的夹子。公共艺术对后现代艺术创作手法中惯用的观念拼贴、挪用等常见的表现手法进行了借用，介入到公共艺术特有的参与性当中，艺术审美叙事语言不再只是视觉上的单纯的享受，而是上升到了观众的知觉体验。公共艺术作品当中的形式就是观众的参与性与艺术审美的视知觉体验。

实现了“情感尺度”之后，公共艺术还要给予人合理的“想象尺度”，至此，整个审美接受认知才是完整的。感性活动虽然基于人的生理和心理，但在这个复杂的过程中，不仅包含着感受、判断、审视，甚至记忆和思考，还包含着一种想象或者是一种观念形式上的创造。这里的想象不仅包含艺术家所寄予的表现空间，更是艺术作品以其视觉的方式引导观众视知觉想象的空间。在这里，有必要从公共艺术的第二个条件——公众参与性进行分析。由于部分公众缺失审美实践，也不一定拥有成熟的艺术思维和对艺术的独特创造力，所以在共同参与创作时，从艺术作品的主题、文化内涵以及对社会问题的阐释都应给予公众合理的想象尺度。就像艺术家在进行艺术创作时所渴望的自由，虽然这种自由是相对的，这也是很多文人雅士宁愿忍饥挨饿，甚至隐居深山的原因。同样，在公共艺术的创作和观赏中，审美意境在公众内心就相当于艺术家追求的自由。康德认为，艺术美要合目的性与规律性，艺术家创作作品要有艺术性必须具备合目的性。这无疑让艺术家在创作作品时对艺术作品的美学意境进行观念的构思，通过艺术形象与艺术语言表达出来，其美学叙事与观众的视知觉交融共同作用于作品美学叙事之中。因此，在公共艺术的创作当中给予创作者自由空间的同时，更应考虑艺术作品给予公众想象空间的合理性，这无疑是公共艺术发展的另一向度——审美内涵规律的表征。

二、公共艺术审美内涵规律的表征

人们对于“美”始终保持着追问、反思，这种内在的追问想获得的正是何谓“美的规律”。公共艺术相对于其他艺术形式而言，更需要一种对“美”的审视和判断。虽然公共艺术也没有固定的风格和形式，但要考虑艺术作品本身所蕴含的审美规律，包括作品与空间的协调性、与社会政治的和谐性、与相关法令的统一性。与此同时，公共艺术最根本的美学意蕴就是体现“美”，通过公共艺术独特的表现形式让观众产生“美”的共鸣。可以说，公共艺术的创造本身就是一种人类“美”的劳动，因此，它要符合“美的规律”，构造公共艺术有秩序的“美”。

公共艺术要遵守“美”的规律进行艺术实践。马克思指出：“动物只是按照它所属的那个种的尺度和需要来构造，而人懂得按照任何一个种的尺度来进行生产，并且懂得处处都把内在的尺度运用于对象。”这里所说的“尺度”，在公共艺术的实践中就是一种吻合“美”的规律的秩序。公共艺术本身就是一种实践活动，从经济学的角度来说是对劳动的哲学升华。劳动是实践的基础，是实践的基本形式，人们是按照积极的、有秩序的视觉形式进行公共艺术的实践劳动，还是按照消极的、混乱的视觉形式来进行，对于艺术的实践者来说都是一种劳动，都是一种实践体验，都体现了对动物的超越，甚至都体现了艺术劳动的多样性。但是在公共艺术中，这种劳动是要以大众接受为价值实现的，是大众生活的一种传达媒介。从公共艺术的实践活动中，人们既看到了公共艺术的丰富性和不确定性，又发现了公共艺术这种实践活动的人类发展需求。这种实践活动不但是艺术家自我意象体验的表达，更是大众自由而有意识的生命活动，也是人在改造对象世界中对自身存在意义的探讨。

公共艺术的实践活动所表现的是一种艺术的创造，是从审美判断中获得“艺术上的实践”，既有对自然的艺术改造，也有对现实的艺术加工。而这些不仅要符合自然本身的规律，也要实现自身的现实目的，这里包含着艺术的技术性的实践生产，也包含着艺术的自由创作。然而两者结合的实践活动，是按照“美的规律”来进行的，不是按照自然的规律和大众的审美规律来体验的，是人对公共艺术自身的要求和愿望的实践表达。公共艺术所承载的是一个社会群体的生命体验、情感需求和文化取向，是大众的审美理想。因此，按照吻合人类的“美的规律”来进行公共艺术的实践活动，无疑是公共艺术创作规律的最佳选择。

按照“美的规律”进行的公共艺术实践，实际上是自由个性存在的基础。但这里的自由不是随意和放纵，也不是为了追求差异而对公共艺术所贯彻的普遍性的一种解构。这里所说的美是个体在社会中实现的美，是公共艺术符合大众审美的美，是艺术家艺术创作的个性、独特性在公共艺术审美中实现的“美的规律”。“自由个性”可以用来表示人的个性发展的最高境界和人的发展的理想状态。这种个性不是公共艺术实践所追求的差别性，更不是与大众审美需要所对立的异特性，而是在占有普遍性的方式上具有一定的差异性存在。

公共艺术的产生看似是艺术类别的拓展，实际上是为原有的艺术审美知觉所寻求的一种新形式，也是在不自由的艺术中、缺乏自律的艺术中寻求一种合理的自由创作。这里要保留大众经验的合理愉悦感，把握揭示艺术普遍性的审美尺度，给予艺术家自由个性的创作空间。公共艺术创作按照“美的规律”体现出的自由个性是使人获得个人自由和个性自由的程度，同时在公共艺术的实践中实现人的自由和生成个性的过程。真正实现人的个性的全面性，使人自身得到全面的发展，复归艺术自身所蕴含的规律。

三、公共艺术自身蕴含人性的复归

在追寻“美”的讨论中，公共艺术所追寻的更应该是“人性之美”。正如我国在改革开放后市场经济的发展中，公共艺术在“批判现实主义与复归人道主义”思潮中诞生。但在近年来的发展中，出现了公共空间与城市文化、城市建设、城市定位等一系列的交集与矛盾，同时，公共艺术当中最重要的公众参与也未得到必要的重视和保障。公共艺术的“公共性”所探讨的前提应该是对人的肯定和尊重，是对社会中每一个人的独立的个性、人格、文化、经济和审美的尊重。审美的公共性正是体现了公共艺术的公共性本质。从艺术家本体出发，回归于艺术作品本身，抛开艺术创作技巧和艺术语言，让公共空间与观众相互介入到作品，纯粹地去理解艺术作品，返璞归真，回归“人性之美”。

公共性的审美需求是公共艺术存在的重要方面。从马克思主义美学的理论出发，人在认识世界、改造世界的同时，也要用审美的视角建设新的世界。公共艺术是处于公共空间的公众参与性艺术，对其审美的要求不能仅仅按政策、制度，也不能仅仅按照艺术的规律和本质，而是要实现审美的认同，改进旧的审美关系，考虑审美的多元性，创建新的审美和谐。

每个人都有对“美”的需要，也有必要探讨人的精神活动与社会物质活动之间的关系，人的身体、人的情感与人的审美活动之间的关系。公共艺术正应该是在公共空间内通过公众的参与来实现潜藏在艺术中的创造性、否定性、可能性、超越性，应当将人的潜能在公共艺术这一审美活动中充分地实现、自由地实现。虽然这种潜能的实现是虚幻的、想象性的、幻觉性的，但这可以满足人的审美需要。公共艺术也是一种新的审美对象，对所有的人来说，它在公共空间所展现出的首先是一种审美的普遍性和经验性，其次才是为个体的人提供不同的想象性和可能性。其中，人所得到的是一种审美经验的满足和自由想象的美的理性与感性的统一，最后更要实现对个体审美的多元性的满足空间，这种满足同时也是一种具有快感的美的理想体验，更是现在人们所追求的幸福理想的一种表现。因为公共艺术存在着艺术本身的社会政治作用和一定的审美形式功能，所以公共艺术更应该去捍卫符合人性需求的审美价值、艺术价值、精神价值。

“公共性”的审美评价成为公共艺术亟待解决的重大问题。康德指出，鉴赏是评判美的能力，鉴赏判断并不是认识判断，因而不是逻辑上的，而是感性的、审美的。从哲学的角度来看，这是认识论问题，但从艺术的角度来看，这是超越了美的体验的经验论层面。艺术所创造出来的是与生活的物质状态不同的，它是将实际存在的客体通过美的规律、材料的特性以及人的自由想象与思想主题进行创造后再重新展现，是一种对真实存在的否定、想象和超越。公共艺术在公共空间的呈现，显然不是一种形式上的再现，而是一种具有真实物质材料对象性的实际存在。所以在公共艺术领域，“公共性”的审美评价要思考的不只是人单纯的精神满足，同时要考虑人和存在、物质材料、艺术形式之间的审美评价。

从审美的价值中，人们又将会看到审美的普遍性和个体的审美特殊性。其中审美的普遍性所体现的是一种超越式的审美，是一种审美理想。这一现象从艺术史的发展中，人们对经典艺术的认同可以看出，所谓“经典”，正是一种具有人类发展时代性的审美理想。公共艺术即在公共空间呈现的公众参与的艺术，它首先应该遵从这种超越式的审美。当然这只是一个方面，因为审美还存在另一种非超越的审美价值，那就是强调审美的特殊性。当然，这种特殊性不能过度强调。同时，不能过于强调艺术作品的审美要按照经典普遍性来，而忽视了公共艺术的主观能动性。

这样公共艺术就该探讨一个具有“公共性”的审美评价标准，这种标准正是把个体和社会联系起来的关键，不仅要结合当下人类社会的发展，也要回顾过去、展望未来，用发展的观念去形成判断审美价值的标准。也就是说，公共艺术首先具有树立当下主流审美价值观的意义，从以往经典的艺术中寻找超越式审美标准的呈现，并通过一定的艺术材料、艺术创作手段，体现出主流的审美价值标准。其次，虽然公共艺术具有开放性特点，也应在主流审美评价中保持自身的独特性，在公共艺术的传播中不断地进行调节，形成一种日趋完善的审美评价，但是这种保持独特性的审美也要根据社会的需求、人的日常生活需要设定，并符合绝大多数人的审美发展。这样才能使公共艺术的“公共性”审美评价，既不是一种高标准的审美理想，也不是少数人所谓的自由、欲望的满足，而是一个符合社会发展、人类需求的多元性的审美评价。

公共艺术的多元性还有一个方面值得指出，那就是对艺术空间的采用，一件艺术作品可以适用不同的展示环境，可以是一个空间的单独组合，也可以是多个空间的融合。其空间的场域性与公共作品能够建立空间关系，这件作品就是成功的。公共艺术在当代的发展当中，已经形成了一种内在的自觉，而且这种内在的自觉是与人们当今的审美形式是一致的，人们已经将感性、理性和人性统合起来。

第三节　公共艺术空间的精神探索

公共艺术空间是艺术家用特定艺术形式营造出的一种空间，它能够代表一座城市的文化思想潮流，体现出当代文化的进程。公共艺术空间精神由外部空间与内部空间两者共同作用，唤起公众对空间的认知，并使其了解公共艺术的精神所在。其中，外部空间是客观存在的、自然的、人文的空间，它是对城市身份的一种外在标识，能够带来视觉冲击力；内部空间则是一种精神取向，能够体现出艺术家的情怀，并承载着城市的内在精神，更加注重观众的感知与反映。

一、公共艺术外部空间

以城市公共艺术创作为例，艺术家利用城市外在空间将艺术创意传递给公众，并将作品镶嵌在城市的公共空间里，以达到传递思想、美化城市的目的。所谓公共艺术外部空间，就是公共艺术的外部造型，它是创作者的思想与城市空间的有机结合。艺术家利用作品的外部空间对城市空间进行解读，同时构成艺术形式与公共空间的对话。

公共艺术外部空间是一种相对的空间概念，它是公共艺术赖以生存的前提，是公共艺术带给人们最为直观的感受。公共艺术既有静止的艺术形态，也有动态的表现形式，可分为绝对的空间表现与相对的空间表现，其中还包括写实、抽象、具象、另类等不同艺术表现形式。公共艺术的创作形态与外界空间相辅相成，表现形式与外部空间紧密联系，艺术家利用城市的现有空间，创造出具有艺术内涵的人文空间。

公共艺术外部空间的艺术表现形式十分多样，无论是抽象的还是具象的，或是具象与抽象相结合的表现形式，都能够带给公众直观的视觉冲击力。以上文提到的芝加哥千禧公园的《云门》为例，这件作品除了造型外，其材质同样给观众带来较强的视觉冲击力。这颗“银豆子”的表面十分光滑，可以在表面看到被反射之后变形的城市轮廓。作品表面完全看不到任何接缝，过往路人除了惊叹精湛的工艺外，也被其上反射出变形的城市和自己所吸引。靠近站在《云门》前面，人们仿佛走进了另一个神奇的空间，弯曲的“银豆子”表面使得周围的影像变形、重叠，形成多个神奇的异形影像，如入奇幻之境。可以说每时每刻每分每秒，它上面呈现的景致都是独一无二、转瞬即逝的。城市形态和千禧公园是《云门》生存及产生变化的客体，正是由于城市空间的变化，再加上作品独特的材质，给人们带来了视觉上丰富的变化和奇妙的艺术感受。

从这个案例中可以看到，艺术家结合城市空间，利用富有想象力的造型、材质等手段，将直观的视觉冲击力传递给观众，使其从整体的外部空间上感受艺术的独特魅力和艺术家的精妙创意。

二、公共艺术内部空间

如果说公共艺术外部空间是直观地将艺术家的作品展现给公众，那么其内部空间则表达了艺术家对作品的深层次诠释，使作品通过外在表现形式，传递出内在的寓意。公共艺术内部空间蕴藏了艺术家创作的思想和对外部空间的表现。从某种角度来说，公共艺术内部空间的创作是艺术家借助外部空间的表现形式，传递自身对当今社会的理解、对城市文化的解读。简言之，公共艺术内部空间是一种精神性的空间。公共艺术内部空间引导公众探寻艺术家的内心世界，从而感受一座城市的精神内涵，它能够体现出城市的精神风貌和文化底蕴，并提升公众的艺术品位和审美水平。

深圳的园岭社区有一组占地面积不大的公共艺术作品，名为《深圳人的一天》。这件作品历经 20 多年的风风雨雨，表面看来只是一组普通的雕塑作品，然而它却影响了我国公共艺术的发展，是一件具有里程碑意义的公共艺术作品。这件作品的创作思路来源于一个平民化的构想，设计师和雕塑家在 20 世纪末的深圳随机选择了一天，并在路上随机选择了他们认为最具代表性的 18 个行业或领域的人，包括教师、外来求职者、工人、中学生、公司职员、退休干部、企业家、设计师等。这些模特并没有按照传统典型化的方式挑选，而是遵循陌生化和随机化的原则。在没有任何预设的情况下，创作者从园岭社区出发，只要遇到愿意合作的人就可以邀请其成为模特。这一特殊创作方式，开启了公众参与艺术创作的先河。这些随机参与的市民，无意中走进了这座城市的历史，《深圳人的一天》可以说是 20 世纪深圳市民生活的纪念碑。设计师和雕塑家除了将模特翻制成 1∶1 大小的青铜像外，还以 1∶1 的尺度制作出与他们身份相关的各种道具，如清洁车、自行车、电话亭等。在这组群雕中，还有 4 块像镜面一样的黑色磨光花岗岩浮雕墙，上面复制了 1999 年 11 月 29 日这天的城市生活资料，包括城市基本统计数据、报纸版面、天气预报、空气质量报告、股市行情等。这些信息跟 18 位市民一样，被永远铭刻在城市的记忆中。

当人们走进艺术家内心，认真聆听和感受创作者的内心世界，并探索创作背后的故事时，才能真正解读出公共艺术的精神。在《深圳人的一天》中，雕塑技术已经显得不那么重要，重要的是作品的创意与过程。老百姓的生活在大多时候是平凡的，而这件作品打破了传统的纪念碑雕塑的模式，让平凡人和普通事件成为纪念碑的主角，让大众真正成为公共艺术的主人。艺术家用这样的方式向市民展现了深圳这座城市的精神内涵。

这个案例可以让人们领略到公共艺术所传递的精神力量。公共艺术内部空间通过外在形象传递文化内涵，使作品既具有外在的视觉冲击力，又能够使人产生心灵的碰撞，外在与内在相辅相成，共同构成对公共艺术空间精神的完美诠释。公共艺术内部空间的精神表达需要一个被公众理解的过程，其中最重要的是沟通。只有了解了公共艺术内部空间，才能真正体会一件作品存在的价值。艺术家创作时的思想、理念以及希望通过作品传达的精神，是由公共艺术的外部空间与内部空间共同演绎的。

公共艺术空间精神不仅是塑造一座城市的文化景观，更在于表现城市的精神文明和风土人情，展现出城市对艺术的理解与热爱。公共艺术空间精神是艺术家对公众的心理引导，通过公共艺术的外部空间与内部空间的完美结合，为公众展示艺术的审美趋势和城市文明。公共艺术空间精神不局限于公共艺术本体，更在于其与城市空间相融合所产生的一种气息、一种精神。如果外部空间与内部空间在精神性上与城市精神趋于合一，那么其空间精神的意义也就在其中了。

第四章　城市公共艺术与地域文化创意设计

第一节　城市公共艺术设计

一、城市公共艺术设计是一种综合空间艺术

人类生存的空间环境是与自然环境、人文环境有着千丝万缕联系的社会生活场景。城市是人类聚居最基本、最重要的组成形式，是物质和精神要素的综合反映体。而城市作为人类创造的巨大人造物系统是建立在自然之上的，因此，城市的建设与发展需要协调人与自然的关系、人工物内部之间的关系；同时，城市作为一种场所和人类活动的空间载体，人因要素也是城市不可分割的动态因子，城市需要协调人与人之间的关系。

城市公共的艺术化处理即城市公共艺术设计，它是改善人类生存环境，提高人们生存质量，创造理想生活的一种有效手段。可以这样认为：城市公共艺术设计是一种旨在改变人类的生存质量和生存方式，设计和引导社会和人的行为方式，创造适合人类生存的艺术化的环境的设计创造活动。城市公共艺术设计所涉及的物质范畴主要指除经人类创造或改造而形成的城市建筑实体之外的公共空间部分。

城市公共艺术设计是时间与空间艺术的综合表现体，其对象涉及自然生态环境和人文社会环境的各个领域，具有多领域交叉、渗透的特点。综观国内外，继城市设计之后，城市公共艺术设计越来越受到人们的重视。城市公共艺术设计将作为一种新理念和方法，以科学与艺术相结合的综合手段来协调自然、人工、社会三种不同环境之间的关系，使之达到最佳状态。

二、城市公共艺术设计与城市规划、城市设计、建筑设计、园林设计

城市是人类文明积淀和技术创新的集中汇聚地。千百年来，人类始终梦想着拥有诗意的栖居地——打造安全、可亲、舒适、高效而美丽的城市家园，并为此付出一代又一代人不懈的努力。随着社会经济的不断发展、城市化进程的不断迈进以及社会分工的不断细化，人们从各自不同专业领域、不同层面、不同角度关注研究着城市的昨天、今天、明天乃至更为遥远的未来。关于城市发展建设的研究与实践呈多学科交叉互补共生的态势已是现实和必然，其中主要学科专业有城市规划、城市设计、建筑设计、园林设计等，而城市公共艺术设计作为其中的一个新兴学科专业领域正日益受到人们的重视。它与其他众多学科在研究对象、研究内容和研究方法以及解决设计问题的路径与手段等方面既有区别又有联系。

（一）城市规划

城市规划是指在一定时期内，依据城市的经济、社会发展目标及发展的具体条件，对城市土地及空间资源利用、空间布局以及各项建设等作出的综合部署和统一安排，并对其实施的管理。城市规划拥有相对宽广的研究对象和领域，通过对土地和空间资源的预期安排，协调城市各组成要素在空间上的相互关系，是综合经济、技术、社会、环境四要素的规划，追求的是经济效益、社会效益、环境效益三者的平衡发展。对于城市整体宏观层面上的空间资源分配，城市规划起到了决定性的作用。城市规划的具体操作通常分为总体规划和详细规划两个阶段。城市总体规划是从宏观层面上把握全局性的城市性质、规模、发展方向、空间布局、结构形态、发展时序等问题；而详细规划则解决具体物质建设问题，是为管理和下阶段的修建性详细规划（具体项目设计）提供整体控制的依据（设计要点）。其中详细规划偏重于技术经济指标，更多地涉及工程技术问题，其成果偏重于二维及法律政策性条款，而设计图纸和方案居于从属地位。

城市公共艺术设计应在城市规划的总体指挥下，自觉服从其各项指标的约束，从而使其自身在融入城市的整体和成为城市有机组成部分的同时，提升城市空间的艺术品质。

（二）城市设计

城市设计是社会发展下专业分化和学科交叉的产物。“城市设计是对城市环境进行的设计”（《中国大百科全书》），“城市设计的主要目的是改进人的空间环境质量，从而改进人的生活质量”（《英国大百科全书》）。“城市设计主要考虑建筑周围或建筑之间，包括相应要素，如风景或地形所形成的三维空间的规划布局和设计”（《城市设

计》，E. D. 培根）。总之，城市设计是对包括人和社会因素在内的城市形体空间对象进行的设计工作，意在优化组织城市开放空间，特别是建筑之间的城市外部空间。较之城市规划，它更关心具体的城市生活环境和与人的活动相关的环境、场所意义及人对实际空间体验的综合评价，更侧重于建筑群体的空间格局、开放空间和环境的设计、建筑小品的空间布置和设计等；较之建筑设计和园林设计，城市设计更立足于对环境和整个城市全面系统的分析和准确评价之上，更多地反映社会大多数人的长远利益和意志。城市设计是城市规划的补充、深化和延伸，它通过制定导则的形式为建筑设计及园林设计提供空间形体的三维轮廓和由外向内的约束条件，从而在城市规划与建筑设计、园林设计之间架设了有效的桥梁并起到了缓冲作用。

城市设计是城市公共艺术设计的重要基础，其涉及建筑物的城市空间部分的导则是城市公共艺术设计进行再设计与深化的依据。

（三）建筑设计

建筑设计是指对城市中某一具体单体建设项目进行的设计。通常是建筑师受业主或发展商委托，依据其拟定的项目设计任务书及城市规划管理部门依据详细规划拟定的设计要点来展开设计。尽管建筑师们总是竭尽全力地或在实用、经济、美观之间制造平衡点，或在建筑实体和城市空间之间寻求最优关系，或在业主利益和公众利益之间寻找最佳契合点，但由于城市中的建筑毕竟分属不同的团体或个人，他们有着各自不同的局部利益，而建筑师与他们事实上是一种雇佣关系，这就决定了建筑设计最终取决于建筑师及其业主的利益取向和审美价值取向，因此，从城市公共形象等整体环境利益来看，建筑设计往往具有局限性。无论一栋建筑单体设计得如何精妙绝伦，倘若它与周围空间环境及其他建筑实体缺少对话与联系，即与城市整体空间环境无法达到良好的契合时，它便难以发挥其对于城市公共形象建设所应有的社会效益，有时甚至还会起到负面作用。

建筑设计与城市公共艺术设计的关系是相并列的，在城市总体规划这一隐形指挥棒的调度下，互为依存，相辅相成，共同构成完整的人类创造的生活空间场所。

（四）园林设计

园林设计，在世界各国有着各不相同的称谓、性质和规模，但均具有一个共同的特点，即在一定的地段范围内，利用并改造天然山水地貌或者人为地开辟山水地貌，结合植物的栽植和建筑的布置，从而构成一个供人们观赏、游憩、居住的环境。园林设计是为创造上述的环境，利用植物、土地、水体和建筑四要素而展开的规划和设计。古代园林景观绝大多数是为少数人私有，而现代园林设计的内容已大大超出宅院、别墅和公园的范畴，在此基础上得到进一步拓展和延伸，它直接面向最广泛的普通大众，几乎遍及人们活动的所有场所，如城市居住区、商业区、文教区、工业区等，其造景要素也在原先四要素的基础上借助现代科技增加了声、光、电等多种元素，泛指为城市中的人们提供游憩的公共绿地场所。

在城市的空间范畴内，园林设计是城市公共艺术设计的一个重要组成部分。现代园林设计，是以植物要素为主的景观艺术设计，花草树木的合理配置占据其设计的首要地位。人性化的园林设计为城市局部环境的改善起到了一定的调节作用。

（五）城市公共艺术设计与城市规划、城市设计、建筑设计和园林设计的关系

城市公共艺术设计是继城市设计之后又一个学科交叉的专业设计领域。作为众多学科共同研究创造的人类城市文明，只有通过人类的感知和认同才能获得存在的意义。有关研究表明，在人们的感知活动中，85% 的信息来源于视觉的感知活动。城市公共艺术设计从视觉规律入手，探寻城市公共形象的设计方法，意在对城市公共空间形象进行艺术整合，以确立一定的视觉秩序，建立良好的空间视觉环境，反映城市的地域精神、文化内涵和美学取向；同时重视视觉环境对人的行为和心理的影响，把握运动视觉规律，创造舒适宜人的人性场所。

城市公共艺术设计研究范围与城市规划、城市设计、建筑设计及园林设计有着许多交叉的领域和融合的方面，它包含了城市中一切可见的空间、景物、形象和事件……作为一种综合空间艺术，与上述学科专业相比，它的设计要素更为多样，设计手段更加具有整合性，许多独立于城市空间、建筑、园林等传统设计要素外的附属物，如户外广告传媒形态、城市设施、公共艺术等，也均属其列。

三、城市公共艺术设计的艺术至境

意境又称艺术至境，是美学中的最高境界，由一般的艺术形象上升为具有意境的艺术需要一个漫长的过程。艺术至境依次可分为三个层次：形象、意象、意境。它是我国古典美学中的一朵奇葩，最早被运用在文艺美学之中。

城市公共艺术设计中的艺术至境也包括三个层次：城市形象、城市意象和城市意境。回溯人类的城市建设，将艺术至境原理的三个不同层次在城市公共艺术设计中运用的实例较为罕见。古代的城市公共艺术设计的探索只是停留在“城市形象”和初级的“城市意象”上，西方的“城市意象”设计则始于 20 世纪中叶，并以凯文·林奇的城市意象理论为代表且盛行一时。而“城市意境”设计的手法，只有在一些特定的空间中才得到运用，如我国的传统园林设计就大量地运用了意境设计的手法。

（一）城市公共设计艺术至境的相关概念

1. 城市形象

城市形象主要指由建筑物、绿化、自然资源（如城市中的自然水体、自然山体等）、各类城市设施（如路灯、休息座椅、广告牌等）等诸多因素构成的具体物象，这是城市公共艺术设计的基础。

2. 城市意象

在城市公共艺术设计中运用的意象原理属于“内心意象”的范畴。凯文·林奇在《城市意象》一书中将城市意象定义为“人们在心理上对城市形象的客观印象，它主要是指通过人们对城市空间环境的心理印象，来评价城市的客观形象”。可以这样来理解城市意象，城市意象中的“象”即城市的形象——城市空间及空间中的物质实体，而“意”指人们心中对城市公共设计、构建的客观存在的主观印象。“意”通过“象”来表达，并为人们所感知，从而得出对城市的整体印象。

3. 城市意境

意境包括“意”和“境”两个方面，同样城市意境也包括两个方面。在城市意境中，“境”指形成主观构思的城市形象的客观存在，而“意”则与“意象”中的“意”的含义不同，它是指审美主体在“境”中，运用主观的思维活动所产生的各种情感，即城市意境是主客观两方面相统一而形成的有机和谐的整体。

（二）城市公共艺术设计艺术至境的形成机制

对于城市公共，人们首先感知的是城市形象，它是构成城市公共的物质条件，它既源于现实又是经过人工加工而成。城市形象是产生城市意象、城市意境的基础条件。

审美主体在审美感知过程中，将感知到的直接产物——城市形象，借助联想、想象等，综合生成主体意识中的虚像，即城市意象。城市意象的产生是借助了富有特征意义的物质形态——城市形象所传达出审美内容的特定感知信息而形成的。

城市意境是设计者所向往和追求的最高目标。它是寄托情感、观念和哲理的理想审美境界在城市公共艺术设计中的映射，需要通过设计者对城市形象的典型概括和高度凝练，赋予景象以某种精神情感的寄托，然后加以引导和深化，使审美主体在观赏这些具体的城市形象时，或触景生情，或产生共鸣，或激发联想，并对眼前景象进行不断的补充、拓展，经过“去象取意”的综合思维加工后，感悟到景象所蕴藏的情感、观念，甚至体验到某种人生哲理，上升到“得意忘象”的纯粹的精神世界，从而获得精神上的一种超脱和自由。

（三）城市意象与城市意境的区别

城市意象只是审美主体运用“内心意象”的理论体系，对一个城市的客观存在——城市形象产生的心理印象，它不涉及审美主体——人的内心世界；而城市意境是指从意境的角度来塑造城市公共形象，即以城市的主体——人为原点，综合考虑城市的各种自然要素和人文要素，在城市的客观形象中融入“情”“意”的内涵，使其具有底蕴深邃的审美效果，以充分满足人们在精神上对城市公共形象的高层次的需求。城市意境必须由表及里，激发人们内心深处的情感。情景交融是城市意境最主要的特征。

相对城市意境而言，城市意象的产生较为容易。具备一定感知能力的人进入某一城市，就能够产生对城市的基本认知，从而形成个人对该城市的意象。同时，每一个城市中重要的标志物、节点、城市的区域、道路骨架等都是相对固定的，这是人们对城市意象产生共同认知的重要基础。例如江苏的南京，其东北有紫金山，西北有长江，北有玄武湖，南有莫愁湖，宁镇山脉绵延起伏环抱市区，周围河湖纵横交错，城内有秦淮河贯穿市区，城里还有清凉山、石头城。南京城可谓背山、襟江、抱湖，予人一个天然的山水城市的城市意象，因此古往今来，南京素有“龙盘虎踞”之称。而山东的济南城，南面有千佛山，北面有大明湖，可以说是背山面湖的山水城市，故有“一城山色半城荷”之称。济南的周边临黄河河岸，有“齐烟九点”——九座小山丘，造成了“水抱城，城抱水”之势。济南城的营造，充分重视了“品”字形“三泉鼎立”之势，把城的西南、东南角正好选在趵突泉和黑虎泉，把城市的中轴线安排在珍珠泉。此外，在住宅区的建设中，还充分运用泉水这一自然优势，“家家泉水，户户垂杨”，着力凸显泉城的城市意象。

城市意境的产生，既受社会历史、文化脉络、自然地理、气候等客观因素的制约，又受审美主体的审美能力和心境等主观因素的影响。不同的人怀着不同情感的时候，所产生的意境是不同的。这就是为什么古时秦始皇和汉武帝在登临碣石的时候，想到的是虚幻的仙境以及长生不老，而曹操想到的却是沧海是多么的雄奇博大、无边辽阔、包容万象，能吞吐日月、容纳星辰。

可见城市公共艺术设计中的意境的形成需要审美主体的支撑，但不同人对于色彩与材质，乃至植物都有不同的感情，而且产生的意境会随着气候、时间等的变化而变化，就如苏轼所描绘的杭州西湖一样：“欲把西湖比西子，淡妆浓抹总相宜。”因此，在进行城市公共艺术设计时，应加强审美主体——人在城市中不同的感受体验及需求的研究，并充分考虑各方面因素的影响，运用一些有利的自然因素及各种主观条件，形成具有美妙意境的城市公共形象。

第二节　城市公共艺术地域性

一、城市公共艺术地域性的含义

城市公共艺术作品与建筑有相似之处，会受到周围环境的约束，不能脱离环境独立存在，要与周围环境相融合。所有的公共艺术天然地具有地域性，公共艺术对地域性的适应性，是衡量公共艺术价值的一个重要标准。

（一）城市的整体性、独特性、差异性

随着时间的推移，一个城市必然会留下历史印迹。城市的完整性满足了人们最基本的需求：生存与发展。各种元素构成整个城市的框架，城市的功能得以完善。公共艺术是城市与艺术的纽带，对提升城市品质具有重要影响，可以影响人们的情感，教化人们的思想。一方水土养一方人，一方历史同样可以孕育一方艺术，于是逐渐形成了特有的文化与艺术，形成了城市的独特性。因为地理位置差异、外部环境条件差异、风土人情和文化差异，每个城市都不一样。很多城市追求个性，使地方文化受到了冲击。公共艺术能促进城市更好地发展。

（二）公共艺术能展现地域特色与创新

社会不缺公共艺术，缺的是好的公共艺术。那么什么样的公共艺术才能被称为好的公共艺术？或许是很多人愿意响应、亲近，能够自然而然地吸引大众的公共艺术。城市的雕塑之所以不同，是因为雕塑的创作对象所处的环境、文化、习俗不同。而部分公共艺术趋同的现象日益增多，具体原因有很多方面，根本原因则是部分设计师或是为了迎合人们的喜好，或是缺少开拓创新的精神，照搬照抄其他地方的公共艺术，只会模仿。当代的公共艺术应围绕创新、地域性、故事性、尊重、品质、互动等要点展开。在注重地域特色时同样不可忽略时代性，进步与创新发展是公共艺术持续发展的驱动力，两者要结合起来，不可忽视其中一方。没有地域性的创新只是形式的创新，这种公共艺术是冷漠的，是没有根基的。

二、城市不同区域的景观形象特征

（一）CBD 的景观形象特征

CBD 为英文 Central Business District 的缩写，即中央商务区，或称商务中心区，通常指大城市中金融、贸易、信息和商务活动高度集中，并附有购物、文娱、服务等配套设施的城市综合经济活动的核心地区。纽约的曼哈顿、巴黎的拉·德芳斯、东京的新宿、上海的陆家嘴等均为国际著名的 CBD。它们是城市的经济、科技、文化的汇集地，发挥着城市的核心功能，通常云集了大量的金融、贸易、文化、商务办公及高档酒店、公寓、服务等设施，吸引着大批国际著名的跨国公司、金融机构、企业、财团来此开展各种商务活动、设立总部或分支机构。CBD 通常设置在公认的国际大都市的黄金地段，地价昂贵，是所在城市的精华集中地，代表着该座城市的公共形象。多功能综合性的现代化中心商务区往往规模巨大，面积通常有 3 ~ 5 平方千米；这里建筑密度高、容积率高，建筑量至少在四五百万平方米甚至上千万平方米，其中约 50% 为写字楼，商业设施及酒店、公寓各占 20%，其余为各种配套设施；区内交通便捷，人口流动量巨大。

1. CBD 景观形象的共同视觉特征

基于功能、性质、规模、区域地理环境等诸多方面的共性，CBD 在其景观形象上呈现出许多共同的视觉特征，主要表现为以下几个方面。

（1）特征明显的城市地标群，具有强烈的城市空间导向性。由于 CBD 通常所处地段为城市的黄金地段，地价极为昂贵，因此建筑密度和容积率偏高，致使建筑物向高空发展，形成城市空间尺度巨大、高楼林立的景象，从而丰富了城市的天际线，为其增添了一道亮丽的风景，同时构成城市标志性群落或称“地标群”，强化了城市意象。

（2）建筑单体时尚、前卫，是新观念、新技术、新材料的三位一体。如前所述，CBD 地区作为城市综合经济活动的核心，高度集中了大城市中金融、贸易、信息和商务等各类活动，是各地区和国家参与国际经济、文化、贸易等各项活动的窗口与纽带，这就决定了该区域内所有建筑均需向世界表达一种开放和包容的姿态，一种勇于接纳新思维、新观念的气概。CBD 中的建筑单体设计也同 CBD 总体规划一样，常采用国际竞标的方式决定其最终方案，加之这些项目往往由政府或大型集团斥巨资建设开发，因此其建筑单体风格呈现出明显的国际化倾向，而地域文化特色相对隐退；建筑形式往往融合最新技术的理念，建筑的外部装修材质总是为最新科技产品所占领，建筑的色彩与其高度综合的功能相匹配。名师的设计、高新工艺、技术的运用赋予大多数 CBD 建筑在城市空间中适宜而别具匠心的视觉形象，其中总有若干幢成为 CBD “地标群”中的标志性建筑。CBD 功能的有效发挥及城市活力的持续追逐均依赖其功能的多元化及建筑形态的高度集成，这也决定了建筑单体功能定位必然向城市综合体方向发展和演化。

（3）街道横断面多呈狭窄的长矩形。由于用地紧张及建筑单体多为高层建筑，CBD 的街道空间常常表现为类似“一线天”的狭窄长矩形的横断面形式，常令行走其间的人产生封闭和压抑感。日本建筑师芦原义信就城市外部空间街道尺度曾提出一组很有参考价值的数据：当街道的宽度（d）与两侧建筑的高度（h）比值 $d/h=1$ 时，存在某种匀称感；当 $d/h<1$ 时，随比值减小，两侧建筑就易相互干扰，甚至有封闭、恐怖感；当 $d/h>1$ 时，随比值增大，两侧建筑成游离状，街道会显得空旷、萧条；当 d/h 的取值介于 1.5～2 时，空间尺度是比较亲切的，人漫步其中，会产生愉快感，这也是我们在商业步行街中最常感受到的尺度。这一理论也为 CBD 的街道尺度设计提供了参考。

（4）城市空间体界面连续完整。受经济利益和开发强度的要求，城市高密度是 CBD 的一大主要特征。其街道空间界面由一座座建筑实体的裙房围合而成，通常为连续完整界面围合成的线性空间，裙房之间通过地面或地下的人行步道系统完成最紧密、高效的相互联系。尽管 CBD 有着超大尺度的空间特征，给人以强烈的视觉冲击力，但同时使人感觉到在它面前自身的渺小和无助，因此，CBD 的设计尺度虽然满足了其高效原则，但毕竟是不宜人的。随着设计方案的优化，现在穿行在这些庞然大物的脚下，人们能够体会到设计师们为缓和这种不宜人的尺度带给人们从视觉到心理上的冲击和不安而所作的种种努力：通过对近人部位的裙房及街道公共空间尺度的把握、细节的刻画及绿化的引入等方式，为人们贴身打造了人性化的交往场所和活动空间，塑造了正面的城市意象。

（5）现代城市设计特征明显。现代城市设计的一个主要特征便是注重城市公共开放空间的创设。高层建筑底部架空若干层，且将城市外部环境、绿化做法引入其中作为城市公共空间使用，是 CBD 中司空见惯的做法，这样做既满足了高层建筑大量人流的快速集散，又保证了各大楼间人群流动至新目的地的快捷高效，同时缓解了街道“一线天”给人带来的心理压抑，改善了空间质量，增加了城市空间的“流动感”。

（6）多渠道人性化设计对城市“巨构”空间的调适。要 CBD 充满活力和魅力，必须同时把握两大基本原则——高效原则和以人为本的原则。为调适城市“巨构”空间对人心理造成的种种负面影响，CBD 在建设过程中纷纷引入多渠道的人性化设计，如前所述的建筑物底部架空形成半公共空间、近人部位裙房及街道尺度的调整、细节的刻画、绿化氛围的营造、人车分流的交通体系等均是以人为本的设计途径。另外，还时常能看到形态各异、尺度宜人的下沉式广场，通过不同地坪标高的巧妙变化，再缀以水、石、花木、公共艺术与各种设施小品的组合，在繁忙喧嚣的都市中为人们限定了一处处闹中取静的城市开放空间。

成功的CBD设计并非匀质高密度状态，而是疏密有致、疏密组合生长的。当今国际中心城市纷纷推出与其商务中心功能相呼应的新兴产业区——RBD（Recreational Business District，休闲商务区、旅游商业区或游憩商业区），则充分体现了以人为本的原则。它将休闲娱乐、科普博览、主题旅游、精品购物等各类项目加以整合，形成与商务相结合的休闲产业，从而创造出现代都市新亮点。RBD的分布总是与大规模的中心绿地、公园、滨江（海）大道等联系在一起。这里除了有完善而人性化的休闲配套服务，更有钢筋混凝土所无法提供的鸟语花香、湿润的海风……造型别致、尺度宜人、氛围亲切的各种环境设施总是会在人们最需要它的时候默默地出现，让人体会无尽的逍遥、自在和放松……这一切有力地调适了基于高效原则而产生的城市“巨构”空间所造成的非人性化影响。在一些国际大都市的CBD中，已能看到RBD的影子，它们已成为中央商务区的有机补充，且与金融贸易中心同步成长，成为闻名全球的观光产业区。

（7）高度发达的立体交通系统。便捷高效的交通体系是CBD高速运转的基础保障。CBD通常都拥有包括地下、地面、高空等四通八达的立体交通系统，能将大量人流迅速送至目的地。许多城市的CBD，如拉·德芳斯甚至还采取了完全人车分流的交通方式，城市高架和过街天桥、地铁隧道、轻轨等成为CBD视景要素中不可或缺的一员。完善的城市信息导向系统也是高效交通的必要组成部分，同时也体现了现代文明对人性的关怀。路面上的这些各色醒目标示箭头以及色彩缤纷、形态各异兼有城市公共艺术身份的指示标志，不仅有助于所有初来乍到的人们快速地建立对该地区的信任、友好的态度，并迅速恢复自信和良好的自我感觉，以应对即将面临的各项事务，同时也为CBD交织了一曲轻松欢快的浪漫曲，成为又一道别具特色的都市风景。

2. 国内外CBD实例解读

（1）中国香港中环CBD。中国香港中环CBD位处香港岛中部，北临维多利亚港，是中国香港最早发展的地区之一，从20世纪50年代起即成为中国香港最重要的商业中心。中环拥有优越的地理位置、高效的运输系统和健全的基础设施，这里绝大部分的土地用于商业和综合开发、政府机构及社区用房、公共空间。其中，道路占地比例是最大的一部分，约占总面积的三分之一，而住宅用地很少。中环CBD的建筑面积达到了400万平方米以上，拥有包括太子大厦、置地广场、交易广场、国际金融中心、中银大厦、汇丰总行、长江集团大厦、遮打大厦、怡和大厦等在内的众多著名楼宇，金融业和服务业高度集中，同时吸引了众多著名商业品牌进入，商业氛围浓厚。中环拥有高效的运输系统和健全的基础设施，周边共有5条地铁线路，数十条公交线路以及渡船，共同形成了完善的网络交通系统，使得出入中环具有极高的便捷性，为各地区间自由的商业往来和人才流动提供了有力的保障。

（2）北京 CBD。北京 CBD 位于北京朝阳区的中西部，处在以东三环路为南北轴线，以建国门外大街为东西轴线的一个大“十”字的四个象限内。1993 年，北京市人民政府提出在朝阳门至建国门、东二环至东三环之间建设商务中心区；1998 年，北京市规划局确定北京商务中心区的范围；2001 年，北京商务中心区管理委员会成立；2003 年，北京市规划委员会、北京商务中心区管理委员会明确要建设以超高层建筑为主的北京商务中心区核心区；2019 年 11 月 22 日，北京中信大厦（又称“中国尊”）在北京商务中心区核心区内通过竣工验收，成为新的北京第一高楼。截至 2024 年 9 月，北京 CBD 现有工业企业用地 149 万平方米、居住用地 84 万平方米、公建用地 55 万平方米、市政用地 13 万平方米、教育科研用地 14 万平方米、道路及其他用地 84 万平方米；区内共有居住人口约 5.4 万人。这里是我国涉外资源最为丰富的地区，也是北京市商贸氛围最浓厚的场所。2023 年，北京 CBD 功能区税收收入近 1300 亿元；新注册企业超过 12000 家。区域内税收过亿元的楼宇 145 座，过 10 亿元的楼宇 20 座，过 100 亿元的楼宇 1 座，是全国高品质、高效益楼宇最为集中的区域之一。

北京 CBD 在“2024 福布斯中国中央商务区消费竞争力评选”中位列第一，聚集国际消费品牌 1000 多个；2024 年前三季度，商圈首店入驻量稳居全市前列，米其林、黑珍珠餐厅约占全市的 60%，拥有全市近 40% 的咖啡馆，打造出了咖啡节、热狗节、红酒节等特色品牌活动。同时，这里是北京重要的交通枢纽区域，地铁 10 号线、1 号线等多条地铁经过，公交线路密集，方便人流快速到达城市的各个区域。此外，区域内的道路规划和交通设施建设也较为完善，能够满足日常的交通流量需求。

（3）上海陆家嘴 CBD。上海陆家嘴 CBD 是我国长江经济带国家级金融中心的核心功能区。这里主要发展金融、贸易、商业、房地产、信息和咨询等第三产业，目前已逐步形成了金融保险、商贸、旅游、会展四大支柱产业。陆家嘴 CBD 体现的是一种典型的金融中心模式，是目前国内规模最大、资本最密集的 CBD 之一。截至 2025 年 5 月，该区已聚集 9 家国家级要素市场、超过 1500 家中外金融机构、52 家跨国公司地区总部以及超过 7000 家贸易、投资及中介服务机构。作为全球顶尖规划设计的典范区域，陆家嘴 CBD 从东到西构建起层次分明的空间布局：以约 10 万平方米的中心绿地为生态基底，串联起以上海中心大厦（中国第一、世界第三高楼）为代表的世界级摩天建筑群以及以东方明珠电视塔、上海国际会议中心为核心的文化地标与滨江休闲带，共同构成极具韵律感的现代化城市景观。

在空间设计与功能整合上，陆家嘴通过地下连廊、空中连桥与地面交通网络，实现了多维立体的无缝衔接。区域内不仅矗立着上海中心大厦、环球金融中心等超百米摩天楼群，更形成了超高层建筑与生态绿地相互映衬的独特美学——中央绿地与周边楼宇虚实相生、错落有致，外围建筑群的弧形天际线与黄浦江岸线遥相呼应，内部交通网络与城市主干道高效连通，展现出金融商务区与生态宜居性完美融合的城市发展新范式。

(4) 巴黎拉·德芳斯。拉·德芳斯区位于巴黎市的西北部，处在巴黎城市主轴线的西端，是巴黎重要的商业中心之一。这里拥有面积超过10万平方米的“四季商业中心”，还有“奥尚”超级市场、C&A商场等，商业覆盖广泛，多元化倾向明显。目前，区内汇集了70多座钢铁和玻璃建筑，提供了350万平方米的办公空间，云集了来自全球2500家企业总部和办事处，职工总数超过15万人。拉·德芳斯的交通系统采用行人与车流彻底分开，互不干扰，这种做法在世界上实属首创。这里还拥有欧洲最大的公交换乘中心，RER高速地铁、地铁1号线、14号高速公路、2号地铁等在此交会，四周是高架环行高速路，集中管理的停车场设有超过2万个停车位，交通设施相对完善。拉·德芳斯的规划和建设除了重视建筑的个体设计外，更加强调由建筑群、路面层次、水池、树木、绿地、铺地、艺术小品、雕塑、广场等所组成的街道空间的整体设计，强调主轴线的凝聚力，德芳斯巨门即其区域的中心和标志物。经过多年发展，拉·德芳斯从传统的商务区逐渐变成了休闲、娱乐和生活都非常方便的新型社区，实现了功能的多样化。

（二）城市住区的景观形象特征

居住问题是人类面对的永恒主题，人类在漫长的历史进程中，在与大自然无数次争斗和妥协中，逐步改进着自己的居住环境，使之不断满足人类在不同历史时期、不同生产力水平、不同文化发展阶段的不同需求。在某种程度上，可以认为城市的发展便是人类居住环境嬗变的结果。自1949年以来，我国的住宅建设走过了一个摸索、发展、停滞、恢复、振兴到腾飞的过程，20世纪80年代的改革开放为我国住宅的发展带来了契机。我国近年来的住宅建设总投资平均达到国内生产总值的7%，不仅大大超过了中华人民共和国成立后前30年平均1.5%的水平，也明显超过了国际上通常的3%～5%的标准，成为世界公认的头号住宅生产国。特别是近几十年，随着计划经济向市场经济的转变，全国各地快速城市化和住宅商品化，使我国的住宅建设发生了质与量的飞跃，加之欧美等发达国家均已先后进入或接近城市化成熟期，城市建设规模已基本到位，因此，从某种意义上可以毫不夸张地说，近期直至将来较长一段时期内，世界住宅发展的主旋律便是中国的住宅建设。如何使人们在紧张、繁忙的工作之余，能以充分放松的心情和姿态享受家的温馨、浪漫和宁静，是信息时代交给广大设计师们的一份问卷。

城市住区规模因用地大小不同而差异很大，小至几千平方米，大到几万平方米甚至数百平方千米，加上原先自然条件各不相同，导致最终结果差异也很大。鉴于近些年的发展趋势，加上政府国土、规划部门对建设用地的有力监控，住区建设向着规模化、有序化的方向发展。下面就对具备一定规模的住区景观形象视觉特征作归纳分析。

1. 城市中呈质地均匀的斑块组群，具有视觉上的稳定性

住区开发不同于某一单幢建筑，它具有一定的规模，在城市的斑块中以组群面貌呈现；住区开发又不同于其他商业、娱乐、学校等性质的建筑群，它旨在为人们创造一个温馨、宁静、放松而消除疲劳的环境氛围。因此，从城市景观形象的构成来说，住区形象通常表现为稳定、连续的界面组合，将视觉上的一些单元要素如符号、色彩、材质的组合等通过一定节律加以重复，在视觉上予人以稳定感。

2. 成组成团的空间形态和布局方式

住区设计依据其开发规模可以有多种不同的规划结构模式，如居住区—居住小区—居住组团模式、居住区—居住组团模式、居住小区—居住组团模式等，但无论何种模式，都采用集聚在一定的交通流线附近的成组成团的空间形态和布局方式。它们仿佛一团团“绿叶”被串联在等级各异的交通“枝脉”上，而这一片片的“绿叶”则是住区中最基本的单位——相对私密的院落或组团式院落空间，为邻里交往提供了尺度亲切的半公共空间，提高了居民的领域感和安全感，同时也便于增强“家”对于人们的可识别性。

3. “软”“硬”穿插渗透的环境设计

近年来，市场对于住区环境景观设计的要求越来越高，人们从最初的“住得下”到“有合理的房住”，再到今天的要求“住得好”，从对起码的“安身之所”要求到一个内部功能合理的“家”的要求，进而转为对周边居住环境的“家园”的要求，体现了社会的进步和文明的进步，体现了全社会对人的尊严的觉醒和对人性关怀的呼唤。可见，买方市场迫使开发商转变思维——从一味地追求高容积率获取高额利润转为以风格独到、温馨舒适的良好居住环境为卖点。20 世纪 80 年代风行一时的“四菜一汤”式的若干组团环绕一块中心绿地的做法，大有被打着强调“均好性”“让更多的住户享受更高质量的绿地景观”旗号的带状绿地做法所取代之势。

在大量受人追捧的住区中，人们看到呈自由曲线形的带状绿地很随意的“流淌”着，与一幢幢钢筋混凝土铸成的住宅相互穿插渗透，绿草茵茵、花木掩映间带给每家每户一份宁静和清新。除了在形态布局方面把握“软”“硬”穿插渗透的大原则外，在住区环境设计中还注重宁静氛围、可识别性和环境的公众参与性的营造。“宁静”是住区景观环境最基本的环境氛围，无论是绿化还是环境场地，包括景观形象、空间布局、材质选取都围绕“宁静”氛围的营造而展开。每个住区在拥有“宁静”氛围共性的同时还应拥有可识别性即差异性，一方面，是一住区区别于其他住区的环境景观标志特征，有助于居民产生对家园的归属感和自豪感；另一方面，是各个院落或组团入口处与众不同的环境空间、形态、植被、小品等的具体处理，有助于人们虽身处造型外观相似的住宅群中依然能很快识别回家的路线。

住区中优美环境的观赏性还居其次，更重要的是为社区居民提供大量交往、休闲、

锻炼、活动及亲近自然的场所，即环境的公众参与性的营造，应根据不同活动人群、不同活动人数设置不同尺度和形式的活动场所，且在接近人们活动的范围内选用安全、亲切、较为原始的材质，如木材、水、低矮的绿化、鹅卵石等造景材料。此外，住区中的小品、雕塑等往往身兼数职，具有较强的互动性，可谓是孩子们的好朋友。

4. 阴影丰富、尺度亲切、开放性强的建筑形象

住宅的建筑外观形象与其他类型建筑有着明显的差异，即阴影丰富、尺度亲切、开放性强，它是住宅户型随着人们生活方式的改变而逐步进化并外化的结果。比如20世纪六七十年代的住宅，较为偏重功能的实用性，多为行列式的“方盒子”，保证每户有一个供晒衣的敞开式小阳台即可，房间的开窗面积也较小，因此，住宅外观除了每户有一个外挑的阳台外，总体显得封闭而单调，“千房一面”比比皆是……改革开放以来，人民生活水平不断提高，空调等家用电器的不断普及、双休日工作制度的实施、人们对回归自然的向往和渴望以及社会对弘扬个性的重新认识、对个人自身价值体现的要求等，促使住宅从平面户型到建筑外观都发生了质的变化：除了原先一个晒衣阳台外，现代家庭更注重能够拥有一个观赏室外景物的阳台（通常用玻璃封闭）与客厅组合在一起，又称“阳光室”；对自然的向往要求建筑具有更大的开窗面积，使人能更方便与自然环境进行交流，低窗台的出现大大满足了人们这种心理，而空调的普及为此提供了技术可能；与此同时，大量空调室外机与建筑外观一体化设计的难题又摆在了建筑师面前……原先住宅山墙的外观是常常被忽略的部分，而现在的住宅往往在边单元安排一些大户型，而山墙面通常结合外部环境设置客厅及观景阳台等，使山墙面进退曲折，极尽笔墨重彩之能事；邻里间的交往要求住宅单体平面不再是“兵营式”而多了许多进退和围合……这一切造就了住区建筑单体阴影丰富、尺度亲切、开放性强的形象。

5. 以人为本、强调环境形象的交通组织方式

曾几何时，汽车成为人们日常工作和生活中必需的交通工具。来来往往汽车的鸣叫打破了原先属于住区的那份宁静，更让人担心的是人车混行所带来的危险，于是有的孩子失去了原有的下楼与同伴玩耍嬉戏的童年乐趣，有的老人为避免不必要的麻烦，也忍受着孤独寂寞，坐在阳台上打发时光，住区的出入口成了城市干道支脉的延伸，而少了住区入口作为住区形象标志应有的那份从容……这一切迫使人们对原有的交通组织方式产生反思和质疑：如何在享用现代文明带给人们的种种便利的同时，仍能拥有梦中的家园？

在近些年的住区实践中，可以看到人们为此所作出的种种努力，出现了基于以人为本和强调环境形象的交通组织方式——完全人车分流和半人车分流模式。完全人车分流模式即小区人行流线与机动车行流线分开，通常机动车有单独的出入口或一进小区就沿小区的外围通行，而人行流线伴着主要的景观轴逐层展开，步移景异。展现在

人们面前的是花木掩映、绿草茵茵、小桥流水、鸟语花香，孩童在追逐玩耍、老人们在树荫下对弈、围观者摩拳擦掌比当局者还急……人们的各种需求在这里得到了充分的尊重。这种交通模式虽然获得了广泛的好评，但也存在一定的弊端，由于受人们所能忍受的步行距离的限制，完全人车分流仅适用于一定规模的住区，而当规模逐步扩大时半人车分流就更具可行性，即仅在居住区中实行组团级人车分流。

（三）商业步行街（区）的景观形象特征

长期以来，城市广场被人们称为“城市的客厅、起居室”且备受重视。随着城市化进程的不断推进，消费型经济时代的到来，潜移默化中人们的生活方式正发生着重大的改变，“商业步行街（区）”之风正悄然盛行并迅速席卷全国各地，成为城市人民生活中不可或缺的又一“公共客厅”，或称“城市第二起居室”。

商业步行街（区）的兴起，反映了人们对以往如《清明上河图》所展示的那种充满生机和活力的街道生活的内心向往。它改善了城市的人文和物理环境，使市民摆脱了汽车带来的不安全感，提供了购物、休闲、社交聚会的场所，增进了人际交流和地域认同感，培养了市民的荣誉感和自豪感，同时促进了城市零售商业的发展，为该地区乃至整个城市的生活注入了活力。如今，商业步行街（区）作为最富有活力的街道开放空间，已经成为城市景观形象中最基本的内容之一，其通常具备以下景观形象特征。

1. 面向最广泛人群的体验

商业步行街（区）通常以各种方式和媒介向人们传达这样的信息——欢迎每一位特意光临或是碰巧经过的男女老少，在这里你一定会买到你所中意的商品或拥有一段自由、轻松、愉快的美妙时光！首先，成功的商业步行街（区）总有着许许多多的出入口与周边城市道路或街区相连通，除了主要入口作重点处理、空间尺度大一些外，其余入口均不会很大，且在这些出入口附近都会设置一些停车场，以保证商业步行街（区）的可达性和易达性，行人往往在不经意间便进入这一空间。成功的商业步行街（区）总是洋溢着强烈的烟火气：夸张醒目的广告招贴，琳琅满目的橱窗陈设，流动商贩及街旁店家此起彼伏的叫卖声，遮阳伞下露天咖啡座里的年轻人旁若无人地谈论着对生活的憧憬，别致的指示牌旁；那鲜花环绕的休息椅中，人们沐浴在温暖的阳光中品味着都市生活的闲趣，树荫下的老人家边照看着在青铜小海豚上攀上爬下的孙儿边闲聊，这里的人们都在从容地感受和呼吸这充满生趣的生活气息……

2. 强烈、夸张的视觉效果

一提起商业步行街（区），人们总是会联想到诸如“色彩缤纷”“流光溢彩”“灯红酒绿”“熙熙攘攘”之类的词汇。商业步行街（区）如同一个“T”形舞台，生活中许多原本平实的元素，在这里都以数倍的精气神向人们展示着强烈而夸张的视觉效果。

首先是入口的处理，每个商业步行街（区）都有一至两个主要出入口，这些入口往往被处理成一个个尺度亲切而精致的街头小型休闲广场的形式，以吸引人流在此停留，并借助广场的铺地、绿化、路灯、小品、指示牌及空间界面等形成强烈的视觉轴线和导向暗示，将大量人流引入商业步行街中。其次，尽管商业步行街（区）中的店面都不是很大，但几乎每一间商店的入口门头都经过精心的设计，有的很时尚，有的较另类，有的很古朴，有的很含蓄，也有的原始而带着野性和夸张……总之，充满着个性并让人产生看一眼不能忘的感慨。最后，大大小小、效果强烈而刺激的商业广告总会冷不丁地闯入人们的视线，且往往色彩鲜明、联想丰富、令人叫绝。入夜，五彩缤纷的霓虹华灯绽放，为都市的夜生活增添了无尽的神秘色彩。结束了一天紧张工作的人们徜徉在商业步行街中，与家人、亲朋共度难得的闲暇时光，领略日新月异的都市风情，真不失为是一种绝佳的选择。

3. 界面的连续性及大量二次空间的涌现

成功的商业步行街（区）都有着尺度亲切的空间，这些空间主要是由构成街道空间的两侧建筑物连续的立面围合而成以及大量二次空间作为补充。这里“二次空间”是指由商业步行街（区）中的非建筑实体元素所限定的空间，如花台、行道树、路灯、休息座、喷水池、休息廊以及附属在建筑外墙的骑廊、不同色彩材质的地面铺装、横跨街道的灯栅、广告条幅等限定的空间。商业街连续的界面，使得“商气”不断，而事实上这些建筑物连续的面大多呈“虚”象（多为开敞的门和窗），其连续的实体空间感大量依靠“非建筑实体元素”进行补充和加强。此外，为了振兴零售业，恢复城市中心区的活力，许多过去通行机动车的商业街（区）都变为相对封闭的商业步行街（区），因此，许多商业步行街（区）大量运用街道中的二次空间进行改造，创造多层次复合型人性化的商业氛围。

4. 人性化的街道铺装

在商业步行街（区）中，由于步行速度缓慢、视点较低，人们对于近人尺度及正常视野内的空间、环境状况及商品和设施的尺度、细部、色彩、质感等感觉极为敏锐。尤其是在正常视野内，限定街道空间的主要元素——地面，时常占据了视野中相当大的面积，无形中影响着行人对商业步行街（区）氛围的感受和评价。因此，成功的商业步行街（区）对于人性化的路面铺装从来都是不遗余力的。一般均采用与商业步行街（区）风格相一致的色彩和材质，同时利用不同图案、材质的变化，配合不同功能区段的划分，组织和加强空间的限定及导向。亲切的商业步行街（区）氛围的营造，其地面铺装材质的选择并不在于其价格的昂贵或材质的时尚和华美，只要尺度和风格适宜，遵循价格低廉、表面原始、就地取材的原则往往更容易使人获得对地域文化的认同感和亲切感，增强其地方特色。

5. 小开间密集型店面及同类经营品种的集聚

商业步行街（区）由于受租金较高的影响，且因其多以零售业为主，因此其店铺多呈狭长的矩形平面，在建筑立面上表现为一小间店面紧挨着一小间店面。同类经营品种的相对集中使购物者具有更大的挑选余地，从而吸引更多共同的顾客群并产生更多商机，因此，商业步行街（区）中多呈小开间密集型店面及同类经营品种集聚的视景特征。小开间密集型店面又造成了店招纷纷外挑，呈密不透风且高低错落的景象，有的甚至利用跨街横幅预示店招，形成商业步行街（区）的又一道风景。

6. 集所有景观视觉设计要素之大成

相对于城市中的其他功能区域，商业步行街（区）可算是同时调用景观视觉设计要素最多且变化频率最高的功能区域，空间、色彩、材质、照明、绿化、水体、设施、公共艺术等无一缺漏。在打造成功的商业步行街（区）的过程中，在营造人性化的购物和交往场所时，这些要素均占有不可或缺的一席之地：正是大量多层次复合型的二次空间的存在，使人们获得了安全、亲切而放松的心理空间感；鲜艳、夸张的色彩组合以及光怪陆离的灯光照明刺激着人们潜在的购物冲动和消费欲；树木花草的清新和芳香为都市中的人们带回了大自然的气息，同时，片片绿荫为疲惫的行人限定了可供安心停留的模糊空间，为商业步行街（区）保留了人气；水体设计迎合了人们亲水的天性，水体组织方式的类型众多，或喷薄而出，或层层跌落，或如汩汩涌泉，或似潺潺溪流，增加了环境中的动感和空气中的湿润度，尤其是在炎炎夏日，商业步行街（区）成为纳凉避暑的好去处；休息座、饮水器、垃圾桶、路牌、公厕等设施虽不起眼，但极大地影响着商业步行街（区）人气的聚合。设施的材质、数量和布局合理，就能延长人们逗留的时间促进其循环消费，而根据人的从众心理，空旷冷清的商业步行街（区）谁也不愿去，人群涌动的地方最能吸引新的人流。公共艺术往往也是对当地文化或都市生活的一种传承或反映，时下许多商业步行街（区）采用了充满互动性或是与街道设施功能合二为一的公共艺术，吸引了许多行人或游客驻足观赏或摄影留念，孩子们会好奇而亲热地抚摸攀爬，大人们则揣摩着其中蕴含的深意，从而增加了商业步行街（区）的休闲性、文化性和多样性，集聚了更多人气。成功的商业步行街（区）可谓是集所有景观艺术设计要素之大成的结晶。

7. 设施建筑风格一体化

成功的商业步行街（区）中的一切都给人以舒适亲切感，即通常人们所说的“顺眼”。仔细观察，人们会发现，这里的所有设施包括交通指示系统，从材质到风格乃至细部均与整个街区的建筑风格一脉相承，从而加强了整个商业步行街（区）空间的整体感和品位，突出了该商业步行街（区）的地域特征，强化了其城市意象，给所有来过此地的人们留下强烈而深刻的印象。

（四）城市开放游憩空间的景观形象特征

随着城市化的不断发展和对经济利益最大化的追求，城市土地出现了高密度、高容积率的开发，人们失去了心灵休息与安静的场所，城市空间的社会、文化和心理价值的丧失，强化了人们感情的衰退、人情味的淡化。与此同时，生产力的发展和生产效率的提高，给人们带来了更多的自由时间。20世纪60年代，美国社会学家丹尼尔·贝尔就曾预言未来社会是闲暇社会，美国著名经济学家凯恩斯也曾预言人类将第一次面临真正永久问题——如何度过闲暇时间，闲暇时间的增加正改变人们的价值观、生活观和劳动意识。此类问题的最大焦点就在于闲暇需求与设施供给矛盾突出，许多市民抱怨没有散心的场所，缺乏城市公共绿地，缺乏尺度亲切而又富于安全感的交往空间，大多数人只能以看电视、下棋、闲聊等方式打发闲暇时间，生活单调而被动，心灵的孤寂和压力依然难以缓解，甚至引发相应的心理疾病，给社会秩序的稳定埋下了隐患。

针对上述现象和矛盾，秉承可持续发展和以人为本的生态观，近年来，我国许多城市加强了城市开放空间的景观建设，建成了一大批供市民闲暇游憩和交往的城市开放公共绿地——城市开放游憩空间，不仅改善了市容市貌和投资环境，也为城市居民拥有健康积极的业余生活提供了场所和设施，更增加了市民们对城市的认同感、归属感和自豪感，缓解了现代文明带给人们的种种情感危机。尽管我国的景观建设起步相对较晚，这些建成的城市开放游憩空间环境还存在良莠不齐的现象，但还是涌现了一批深受市民们喜爱的空间场所。归纳其共同之处，大致均具备下列景观视觉特征。

1. 原处所及周边环境在时空上的有机延续

一个成功的城市开放游憩空间往往会以叙事性手法来演绎空间和场景，激发起市民强烈的认同感、归属感和自豪感，它是基地及周边环境历史演变的见证和积淀，是对地域文化的凝练和再现，它能勾起人们对许多往事及历史事件的回忆、对故人的怀念，是帮助人们跨越时空、寄托情感、静思遐想的绝佳场所。一个成功的城市开放游憩空间总是体现出与周边环境和谐共生的客观尊重，它的出现和存在，不是对原有城市肌理的破坏或打断，而是通过融合的手法使城市肌理得以修复而更趋整体和合理，使市民眼中的城市景观少一份嘈杂、冲突和凌乱，多一份安宁、和谐与秩序，这正是现代都市居民所渴望的，同时也提升了整个城市的品位和对外形象，更突出了城市的地域文化特征。

2. 空间层次的多样化及尺度的人性化

一个成功的城市开放游憩空间体现了民主与平等的精神，它是面向全社会的。不同年龄、职业、性别的人有着不同行为方式的需求和喜好，不同数量人群的活动需要有不同规模层次的空间与之相对应，而人与人交往的渴求、一定量的人气所带来的安全感又将不断吸引着新的人流的加入……这一切均要求城市开放游憩空间拥有多样化的空间层次，使各类人群都能从中找到自己的需要。例如，开阔的草坪很适合学生开展班队活动，大树下、背靠花池的弧形座椅所限定的亲切的小空间就适合三五成群的小组规模人群的活动，而林中小径的宁静幽深更适合情侣们窃窃私语，多种空间界面交会处的相对私密的阴影区则往往是需要观察他人活动而又保持置身事外的“静思者”的首选之地……此外，空间层次的多样化还包含着其空间尺度的人性化，空间是由界面围合而成，不同的空间尺度可使人产生空旷冷清、亲切自在、压抑恐惧等不同的心理反应，不同的活动人群数量及不同的活动内容要求拥有不同的环境氛围和空间尺度，只有顺应了人们的种种心理需求，这样的空间才是人性的，也才会深受市民们的喜爱。

3. 公共设施配置齐全

一个成功的城市开放游憩空间必定拥有配套齐全的公共服务设施，如数量充足的休息座椅，随处可见的信息指示系统、垃圾箱、公厕、售货亭、报刊亭等，一应俱全，尽可能为人们提供便利。只有让人们感到有如在自己的家中一样的安全、方便，才能使人彻底放松，充分享受闲暇的乐趣，也才能使该游憩空间充满生机，进而成为人们流连忘返的人间乐园。在上述设施中最为重要的当数休息座椅，座椅的数量、分布位置和种类均会影响来此游憩的人流量。考虑到游憩人群流动与停顿的需要，充足的座椅数量是留住人气的必备条件。休息座椅应分为显性与隐性两种，显性休息座椅即常规的各种休息座椅，而隐性休息座椅则为花台、湖石、台阶等高度与休息座椅相近、可替代休息座椅的其他设施或公共艺术品。在休息座椅的总数中保留一定量的隐性休息座椅可避免该游憩空间使用波谷时段的冷清萧条感。同时，休息座椅在布局时应尽量考虑有一定量的遮阴设施，且最好设于背后有所屏蔽处而面朝开阔之地，这样的座位更具安全感。此外，不同平面形态的休息座椅还可对应不同亲疏关系、不同数量人群活动的需要，如“S”形的坐凳其凸出面可使两个素不相识的人较为自在地近距离休息，而其凹进面则会使他们极不自在，那儿更适合关系亲密的好友相聚。

4. 以多样性的绿化种植为主，其他造景元素为辅

时至今日，城市开放游憩空间的造景元素可谓丰富多样，有建（构）筑物、土地、水体、植物，各种材质的公共艺术雕塑、设施以及高科技的声、光、电艺术等。然而，在许多成功的城市开放游憩空间设计案例中可以看到：从数量上来说最吸引人、最富生机的还是大面积、多样性的绿化植被，而所有其他元素仅或为局部点睛之用或为辅助之用。如前所述，城市开放游憩空间是由多层次的空间组合而成，而空间的限定必须由界面围合而成，以多样化的乔木、灌木和地被植物围合限定空间，以高大乔木提供给人们种种依傍和庇护，春华秋实季相的变幻蕴藏着无限生机，唤醒了人类与大自然间那久已淡忘了的交流和关爱，缓和了钢筋混凝土强加于人们心灵深处的种种压力和冷漠。现代化都市的居民厌倦了钢筋混凝土“丛林”的生活，城市开放游憩空间是

人们呼吸大自然的清新空气、感受大自然的盎然生机最为便捷的途径。

5. 带给人艺术的享受

成功的城市开放游憩空间的营造不是简单的城市绿化，它还担负着一定的教化作用，会通过景观形象的艺术处理、空间层次的有机叠合、视景节奏的巧妙安排，引发人们的种种遐想，给人以美的享受，使人们在经常性的游憩过程中不断净化心灵、陶冶情操，感悟景观物质以外的种种意境，提升城市居民的审美品位。

三、地域性公共艺术的意义

能否很好地体现公共性和地域性是衡量一个城市公共艺术成功与否的标准，但同时也是现代大多数城市公共艺术的两个重要问题所在，每一个城市和区域，都应该拥有属于自己的、独有的地域精神，这种精神具有唯一性，不能被随意变迁和效仿。缺乏地域性的城市公共艺术作品，会使整个城市和区域缺乏个性，导致文化符号的空白。地域性公共艺术在很大程度上缓解了城市生活高压力、快节奏等给人们带来的心理压抑，建立了一种生动的艺术观赏形式。因此，地域性公共艺术的创作具有重要作用和现实意义。

（一）提升文化氛围

地域性城市公共艺术是提升城市环境质量和文明程度的重要途径之一，同时也是城市提升自身特色品位的重要载体。每个地区都有其独特的文化发展脉络，若一个地区和城市的公共艺术与当地民族、文化、民俗等相结合，就可以在一定程度上改善由城市工业化造成的冷漠、单调的建筑环境，美化整个城市和地区的外部城市景观，改变城市的软环境和城市文化氛围，抒发环境空间的文化意蕴和情感意义。单独的公共艺术是没有任何文化意义的，只有和城市总体的文化氛围相结合，才能发挥其深层次的作用。地域性公共艺术为当地居民创造了有文化价值的生活环境，为其提供文化精神场所、树立城市文化形象，让城市公共艺术自然地嵌入城市居民的生活中。

（二）发挥场所精神

地域性公共艺术标志着整个城市的文化精神、人文精神和艺术形态，可以提升环境场所的艺术格调，营造环境视觉美感，创造更富有观赏性的视觉空间。每个场所都有其独特的精神和氛围，这种精神和氛围不是抽象的，而是可以通过各种具象的方式表达出来。地域性公共艺术宣扬了城市精神，表达了当地人的社会思想价值，成为和这个城市息息相关的一部分，给当地居民带来了属于这座城市独有的归属感，具有诗意和人文情感，打造出了一个绝妙的场所。

（三）创造经济效益

艺术也可以带来一定的社会效益和经济效益。地域性公共艺术可以塑造城市形象，优秀的地域性公共艺术作品甚至可以成为一个城市或地区的标志性建筑，其不仅是当地历史文化的见证物，还能帮助塑造城市形象，推动当地文化旅游业发展，提高城市竞争力。成为地域符号的公共艺术，为当地营造一个良好的投资环境，吸引外来投资，从而提升土地价值，增加城市就业率，增强当地居民的自豪感。地域性公共艺术的发展，可以给当地的经济发展注入更大的活力。

（四）发挥连接各区域间的纽带作用

公共艺术是艺术与社会连接的纽带。优秀的地域性公共艺术作品，可以成为连接各区域间的纽带，成为一个地区和城市的居民所认同的部分。地域性公共艺术的公共性，可以引起人们的关注和参与。无论是何种形式的地域性公共艺术作品，人们一起参与就可以分享心情、交流情感，公共艺术成为人们交往的媒介，为大众提供了交流和交往的平台。艺术在人们的日常交往中发挥了重要作用，人们在这样的环境中容易产生情感共鸣，形成归属感和认同感，将整个区域的居民紧紧地联系在一起，凝聚了人心。

（五）改善自然环境和区域环境

当前，地球的自然环境逐渐恶化，环境问题日益成为令人感到棘手的全球性问题，引起了越来越多人的关注。环境问题同时也是公共艺术创作的主题之一。优秀的城市公共艺术品，可以重塑空间环境，改善区域的自然环境。近年来，以保护环境为主题的城市公共艺术作品层出不穷，让当地居民开始审视身边的自然环境和生活环境，唤起他们保护环境的意识，也促使设计师重新思考艺术在日常生活中的重要意义。

四、如何实现地域性公共艺术创作

在当代这个重视城市文化和人文情怀的社会背景下，设计出具有地域性特色的城市公共艺术，具有十分重要的现实意义。公共艺术的创作无法脱离特定环境，在创作中必须结合其所处的地域文化。富有地域性特色的城市公共艺术，对整个城市和地区的发展具有重要意义。

（一）尊重当地自然

不同的区域有不同的生态环境特色，公共艺术创作不能以破坏当地自然生态的发展和状态为代价，必须顺应地域性地理环境，遵循当地自然生态特征。地域性城市公共艺术作品要表达健康和谐理念，不与当地自然生态产生冲突，要把与自然环境相融合的、倡导健康生活的观念在城市公共艺术作品中展现出来，以这种独有的艺术形式去感染公众。只有遵循地域自然生态特征的作品，才是具有地域性的公共艺术。设计师必须对地方的自然环境了解透彻，深入考察当地的资源环境，创作出符合当地自然生态的作品，让公共艺术实现人与自然的互动、人与生态的交流。

（二）尊重社会禀赋

在人类社会发展过程中，不同地域形成了其特有的社会禀赋。在公共艺术创作时，要注重加强展示整个地域和城市化的环境特色、建筑风格、文化内涵等，理解当地的地域文化，挖掘当地的人文特色和历史传统，充分表现地方民俗习惯和艺术形式，用带有典型地域特征的、具有当地特色的视觉符号和元素的表现方式来延续城市肌理。

1. 注入浓郁的历史意识

城市的历史发展脉络是城市文化的根基，城市文化渗透在城市生活的方方面面，记载着整个城市的发展轨迹。公共艺术是串联文化记忆、传承文化、表现历史的基本载体，公共艺术的建设应该与当地地域文化历史发展是同步的。地域文化的历史，决定着城市公共艺术的品质。人类的历史进程是公共艺术创作的源泉，在公共艺术创作中，要对历史文脉进行梳理和提炼，留下最有特点的历史印记。注入浓郁历史意识的公共艺术作品，可以唤起当地人们对过去历史的美好记忆，丰富市民的文化精神，而外地游客也可以通过环境中的公共艺术符号来认知这座城市的历史。

2. 注重人文特色

每一个地域的人们都形成了独有的民俗习惯和人文特色。我国民族众多，各个民族经过长期的演化，形成了自己独特的风俗习惯和艺术形式，这些都是具有浓郁地域特色的文化符号。在进行地域性公共艺术设计时，设计者应充分利用地域文化符号进行艺术创作，在现代多元化文化背景下，保持本地人文特色，发扬地域特色文化，选择能凸显地域性格和地域指示性的元素，寻求有效的创新方式，创造新的地域性公共艺术，即新的地域人文特色。

（三）选择恰当的形式和材料

材料是造型艺术的物质媒介。公共艺术作品的设计者在创作时，不仅要考虑什么样的材料能使作品发挥其最大的艺术张力，还要思索哪些材料能够得到当地居民的认同。如何选择最适合的形式和材料，是设计的重点和难点。不同的地域有不同的地域性传统材料，直接运用这些材料进行创作，是最能体现其地域性的重要方式，容易使人和公共艺术场所产生共鸣，被大众接受和认可。设计中要注重挖掘材料的内涵信息，研究当地人群特征，将其巧妙地融入主题，并处理好作品与环境之间的需求关系，创造出独具特色的地域性公共艺术作品，实现其真正的价值。

（四）加强公共参与

公共性是公共艺术的第一属性，但现代城市的公共艺术大多是一种摆设，缺少公众参与互动的职能，个别建设者认为群众不懂艺术，不应参与城市建设；同时，一些公众也缺乏参与公共事务的意识。事实上，地域性公共艺术作品的创作需要公众的参与，设计者应广泛采纳公众对城市形象、城市景观的意见和建议，充分做好调研工作，以便找到公共艺术和群众情感的切口，然后在充分尊重当地居民情感诉求的前提下，创作出兼备审美性和地域性情怀的经典作品。这样，不仅可以加强地域性在公众心中的地位，提高公众参与现代城市规划建设的积极性，还能使公共艺术作品更容易融入大众生活，更好地体现地域个性，对以后城市的规划和发展具有重要的意义。

当前社会经济的发展，对每个城市的公共艺术建设提出了新的挑战。公共艺术与整个城市和地域的文化形象、经济实力、创新能力密切相关，公共艺术已成为城市文化和社会生活中不可缺少的一部分，同时也是城市环境景观的构成要素，是城市形象的视觉隐喻。

目前，我国的地域性公共艺术尚未引起人们足够的重视，公共艺术作品的表现形式相对单一，对地域文化理解得不够透彻，容易变成“面子工程”，同时也缺少配套的法规、监管措施和有效的资金支持。对此，如何设计出科技、艺术、文化三者兼具并且使它们完美合一的城市公共艺术作品，让城市散发其本身的独特魅力和个性，是现如今设计师应该学习的重要课题。

第三节　数字化时代城市公共艺术发展

一、城市公共艺术与数字化艺术

（一）城市公共艺术

顾名思义，公共艺术即公共的艺术，而非个人的艺术，即以为公共服务为目的而存在的一种艺术，所有处于公共领域的艺术均是公共艺术的一部分。城市公共艺术指的是在城市这一公共空间内所有以服务公众为目的的艺术。由于城市这一载体的存在，使得城市公共艺术承担着传递大众文化以及审美责任。在一定程度上，公共艺术组成了城市的整个形象，负责传达城市个性以及传承历史文化的职能。城市公共艺术是城市文化的重要组成部分，在城市这一文化环境之下，公共艺术不断地发展、演变，最终以自然或者人工环境体现出来，用来展现城市特色，建立起特有的城市形象。

（二）数字化艺术

数字化艺术指的是利用计算机技术以及数字技术等，对视频文件、音乐文件或者图像进行相应的分析、编辑等操作，并最终构成完整的作品。数字化艺术被广泛应用在三维技术教学、平面设计以及商业设计中，且随着科学技术的不断进步，其应用范围越来越广泛。从广义上理解，数字艺术指的就是数字化艺术，所有以数字技术为载体的、拥有一定审美价值的作品，均属于数字艺术的一部分。数字艺术主要分为数字影像艺术、交互媒体设计、新媒体艺术以及虚拟现实艺术等。而狭义上的数字艺术即是通过计算机处理的动画、影音等与艺术相关的作品。

二、数字化时代城市公共艺术的设计原则

（一）科技性原则

数字化时代城市公共艺术作品主要包括装置艺术、影像艺术、灯光艺术、表演艺术以及计算机艺术，任何一种单一的技术都无法满足标准设计要求。因此，城市公共艺术的设计需要综合更多的高科技手段，且不会因时间与空间上的变化而变化。与传统的静态城市公共艺术相比，数字化城市公共艺术侧重于声、光、电三种要素的综合应用，受科技发展的影响更大。受众可以借助某种活动，赋予城市公共艺术作品实时变化的能力，进而更好地体验艺术作品的内涵。

（二）体验性原则

城市公共艺术作品允许受众直接参与，在参与的过程中，受众自身的主观意识会对作品的内涵进行探索，进而达到体验高峰，可以说受众的参与体验，即城市公共艺术作品价值的一种具体体现。数字化时代城市公共艺术在设计初期，便要综合分析受众的身体、心理、情感以及审美观，总结之前设计经验，站在不同的体验角度，设计不同体验点，使作品富有层次，进而增强作品体验效果的多重性及渐变性，保证受众可以获得良好的体验感。

（三）互动性原则

对于城市公共艺术作品而言，互动性是其最基本特点。城市公共艺术的互动性，

指的是作品的设计者与受众之间能够进行平等的、双向的信息交换。简单来说，互动性原则使受众不再是被动接收信息，而是能够主动参与到艺术作品的设计中去，且对艺术作品的走向具有决定性作用。数字化城市公共艺术作品利用空间移动、发声等途径，改变了艺术作品的影像、色彩、造型甚至意义，进而实现设计人员与受众之间情感与思想上的双重交流。

（四）虚拟性原则

在数字化时代的城市公共空间中，网络空间与虚拟空间占有很大比例，且数字化城市公共艺术作品更加重视虚拟性，强调受众与作品之间的多维度沟通，进而实现最大化互动收益。对于设计人员而言，其不仅要考虑到艺术作品在实际社会空间的放置，同时也要综合分析网络空间与数字媒体空间的应用。

三、数字化对城市公共艺术的影响

（一）数字化丰富了城市公共艺术

开放性是城市公共艺术最基本、也是最显著的一个特点，其不仅指公共艺术在视觉层面上的多层次开放性，同时也包括审美情趣的开放性。所以，城市公共艺术的设计，需要综合考量艺术品的功能性、材料选择、环境设计以及对城市居民精神、情感方面的影响等因素。可以说，数字化时代的到来，扩展了城市艺术设计者的想象空间与表达空间，使设计的主题更加丰富，艺术观点的表达方法以及表现形式更加多样化，同时也简化了城市公共艺术作品与受众之间的交流方式。

（二）数字化提高了公众在城市公共艺术中的参与度

公众的参与会使城市公共艺术变得更加完整、更加生动。因此，对于城市公共艺术而言，少了公众的参与，则永远是半成品。数字化技术的应用，提高了城市公共艺术中公众的参与度，使其变得更加完整、生动、具体。具体而言，数字化技术不仅能够带给公众精神层面的互动，而且公众可以站在艺术设计者的角度，体验更多的感官与心灵上的艺术享受。与公众融合，建立起亲密的关系，为公众带来视听与精神层面的双重体验，是城市公共艺术的最终目标，而让公众参与到城市公共艺术当中，会逐渐提升其内在的情感，使公众艺术成为可以被公众触摸、参观、感受的一种互动形态，进而缓解快节奏生活下公众的压力以及对城市的排斥感，进而将公众艺术塑造成真正的“生活的艺术、公众的艺术”。

四、数字化时代对城市公共艺术的发展研究

数字化时代城市公共艺术的发展更具有多样性，包含了计算机、影像、灯光、表演等多种艺术形式。从本质上来看，城市公共艺术即按照城市空间的实际部署情况，在原有环境的基础上，根据城市公民的行为需求与精神需求，而建立起的一种特殊的艺术载体，这一载体在一定程度上代表着城市公民的审美倾向与生活态度。因此，城市公共艺术比较注重受众的参与性。随着数字化时代的到来，受众之于城市公共艺术作品的位置，已经由传统的被动接受转变成了主动参与式，实现了两者之间的双向传播。

从广义的角度上看，城市公共艺术的受众群体是城市中的所有居民，属于一种任一客体均可参与的艺术模式，而计算机技术的发展与应用，实现了现代城市艺术作品与受众之间的互动，这在某种程度上反映出了科技与艺术的最佳结合。因此，交互性不仅是公共艺术的共性，更是现代城市公共艺术的基本特征。由于这种互动性的存在，使得现代城市公共艺术作品更加重视大众的参与，使受众可以切身感受到艺术作品的氛围，并且乐于参与其中，增强城市公共艺术作品的亲民性与人文意义，使得城市公共艺术的主要服务对象能够得到全方位的、立体的体验感。

此外，相对于传统的城市公共艺术，数字化时代的到来，为城市公共艺术赋予了开放性与社会功能性，同时也极大地扩大了城市公共艺术作品的展示空间。因此，在数字化时代的影响下，城市公共艺术不仅只是一种作品，同时也在一定程度上承担起社会责任。从宏观层面上来说，艺术是一种为了满足人类情感与主观需求的文化现象，其来源于生活，又高于生活。城市公共艺术则是科学技术与艺术相互作用的结果，而数字化时代的城市公共艺术更是具有极强的互动性，因此可以说，数字化时代的到来为城市公共艺术的发展赋予了新的生命力与感染力。

第五章　当代公共艺术与建筑的跨界融合

第一节　当代公共艺术与建筑跨界融合的现象综述

公共艺术伴随着人类的公共活动而出现，一直沿袭至今，不断地发展演变。从 20 世纪 80 年代以后，公共艺术进入了一个全新的时期，现代意义上的公共艺术开始登上舞台。

当代公共艺术较之传统的公共艺术形式的变化主要体现在设计的理念上面，同时，公共艺术的职能也随着公共空间的功能需求的变化而变化。传统的公共艺术的主要职能是用艺术的形式装饰公共空间，让人们身处公共空间的时候能够感受到这个公共空间被艺术装饰过后的美。可以说，最初公共艺术与人的互动是单一的，仅仅满足人们视觉上的审美需求，而当代公共艺术的功能变得更加丰富，表现形式也从单一的视觉感受发展到可以为大众创造出四维空间的艺术享受，与公众的互动性大大加强。

公共艺术的功能多样化还体现在与建筑的跨界融合上。20 世纪 60 年代，美国的百分比艺术项目可以说是现代意义的公共艺术的开端。百分比艺术项目就是规定了公共艺术在建筑空间所要占据的一个比重。可以看出，在当时的社会需求中公共艺术与建筑之间的关系被看作是密不可分的。当代公共艺术与建筑在设计理念上的互通、在空间中的互补，促成了公共艺术与建筑跨界融合的现象。

建筑一直都是人类文明的一个重要标志，可以说每个时代的建筑都是这个时代人类文明的缩影。20 世纪 50 年代以后，现代主义建筑由盛而衰，而在 20 世纪 30 年代到 50 年代开始逐渐成熟的后现代主义思潮对现代主义建筑的理念产生了冲击。到了 20 世纪的中后期，开始大量地出现与现代主义建筑设计基本原则相悖的建筑，一大批“反现代主义”的建筑被人们统称为“后现代主义建筑”。

相较现代主义建筑，后现代主义建筑具有三个较为明显的特征：一是后现代主义建筑不反对装饰，并且大量地运用装饰手法；二是后现代主义建筑更重视与周围的环境的相互协调；三是后现代主义的建筑通常都具有象征意义或者隐喻性。可以说，后现代主义的建筑抛开了原来现代主义建筑的种种束缚，吸收了各种的设计理念，出现了高科技派、新古典主义、新理性主义等不同风格流派的建筑形式，而这些建筑之所以被统称为后现代主义建筑，就是因为它们的共同点就是反现代主义。简而言之，后现代主义建筑就是一个“混搭”风格的建筑形式。后现代主义建筑注重装饰、注重与环境的融合等特点，就注定其与公共艺术的联系更加紧密，使后现代主义建筑与公共艺术的关系也发生了改变，出现了跨界融合的现象。

公共艺术与建筑的跨界融合，可以说是受到后现代主义设计思潮影响的一个结果。下面通过几个小的案例就能说明公共艺术与建筑的跨界融合是公共艺术的功能化，以及建筑本身越来越注重装饰及与周围环境融合的一个结果，是城市化发展进入到追求城市精神文明的层次后的内在要求。贝聿铭设计的巴黎卢浮宫门前的“玻璃金字塔”就是一个典型的公共艺术功能化的案例。在卢浮宫门口需要修建一个通往地下展厅的入口，对于设计师的一个基本要求就是设计的这个入口不能破坏卢浮宫门前广场的整体环境。这就要求设计的这个入口相对于卢浮宫这个公共空间而言，首先不会破坏了整个广场的美观，其次还要能够承担一个通往地下展厅的功能性需求。站在卢浮宫门前的广场上面看“玻璃金字塔”，给人的感觉就是一个用来装饰整个广场的公共艺术品，并且这个艺术品的造型极为现代，几何的外形从各个角度看上去都对它身后的卢浮宫有很少的遮挡，对于站在远处欣赏卢浮宫的人来说，这个三棱锥的玻璃建筑虽挡住了卢浮宫的一部分，但是玻璃的特性又使其并没有阻碍到人们的视线。贝聿铭设计的这个“玻璃金字塔”是公共艺术功能化的一个很好案例，同时也符合后现代主义的三个基本设计理念：装饰性、具有象征性或者是寓意、与环境融合。

公共艺术与建筑的跨界可以说是为了适应生产力的发展应运而生的，我们所认识的传统公共艺术主要是宗教的各类雕像、陵墓里的石刻以及各种大空间里面的壁画等。但是在现代意义的公共艺术出现之前，也有艺术家做过将公共艺术与建筑融合在一起的尝试，只是由于当时的社会审美并不接受这样的一种形式，或者说这样的一种表现形式不能适应当时的社会需求，所以没有被人们所过多关注。高迪设计的古埃尔公园就是一个典型的案例。整个公园里面的公共艺术与建筑相互融合，公共艺术很好地装饰了建筑并与建筑空间融合在一起。只是由于在当时的时代背景下，整个欧洲受到工业革命的影响，城市在不断地扩张，经济快速发展，人们都向往生活在大城市的中心，而高迪设计的古埃尔公园处在远离城市中心的郊区，所以并不能被人们广泛认可。但是不可否认，高迪所设计的古埃尔公园是一个经典，一个将建筑公共艺术化的经典案例，它让建筑与环境完美融合，将一个原本应该是建筑的群落变成了一个充满艺术氛围的大公园。

古埃尔公园坐落在巴萨罗那的那佩拉达山上，建于1900年到1914年，整个古埃尔公园依照山势展开空间布局，整个建筑群以一条中轴线展开，中轴线上依次建有导向喷泉雕塑和百柱大厅。古埃尔公园里面的建筑极具特色，建筑的造型活泼，色彩斑斓绚丽。这里的建筑都有加泰罗尼亚式的穹顶，整体的平面呈椭圆形，建筑的外墙面都是用当地产的碎石和彩色的马赛克的小方砖砌成的。在天气好的时候，蓝白相间的建筑以及有着蘑菇顶的塔状建筑好像是一个个糖果做的房子。在古埃尔公园里面，最有特色的就是蜿蜒曲折的彩瓷椅，它们色彩绚丽，给人以一种走进童话世界的感觉。高迪设计的古埃尔公园犹如用石头垒砌成的童话世界，每一面由马赛克镶嵌的墙壁都像是一幅精美的壁画，与周围的山势树丛相结合，加之光影的变化，就好像是一行行优美的诗句那般打动人心。

作为世界文化遗产的古埃尔公园，在艺术范围内也具有其独特的地位，从公共艺术与建筑的跨界融合的角度去看古埃尔公园，可以看到高迪前卫的设计理念，虽然在当时设计理论还没有发展到这个阶段，但是高迪已经在他的设计中认识到了建筑与环境以及建筑与公共艺术之间联系的重要性，并很好地处理了三者之间的关系。古埃尔公园是公共艺术与建筑跨界融合的典范，它将公共艺术与建筑紧密地完美地结合在一起，从整体上去欣赏古埃尔公园，它就是一件完美的艺术品。

第二节　建筑公共艺术化的趋势

一、法国拉·德芳斯“新凯旋门”及其周围公共艺术品

（一）拉·德芳斯简介

“新凯旋门”坐落于巴黎拉·德芳斯，已然成为巴黎的新地标。拉·德芳斯作为巴黎西郊精心规划的城区，现代化高楼大厦鳞次栉比，新区规划满溢着科技气息，与古老的巴黎城区形成了鲜明的对比。整个拉·德芳斯的规划都散发着艺术的韵味，其公共艺术极为精致，与环境完美融合。而拉·德芳斯的标志——“新凯旋门”，更是建筑与公共艺术跨界融合的典范之作。站在拉·德芳斯广场中央，向东眺望巴黎老城区，便能看到拿破仑时代建造的凯旋门。在第一次世界大战末期，巴黎市政府便规划了一条轴线，以卢浮宫为起点，串联杜勒伊花园、香榭丽舍大街、凯旋门，直至如今的拉·德芳斯，拉·德芳斯成为这条轴线的终点，并且规定只有在此区域方可建造高楼。

1951 年，法国政府选定拉·德芳斯作为巴黎地区新的 CBD。1964 年，巴黎政府批

准在此建造20座各25层高的大楼。然而，大部分公司并未遵循这一计划，都企图将自己的大楼建为该地区的最高楼，致使这里大楼的高度远超原先规划的25层。最终，拉·德芳斯地区的大楼高矮参差不齐，众多摩天大楼远远超出规定高度，引发了巴黎公众的强烈抗议。公众认为，从星形广场无法望见凯旋门，这是对巴黎历史文化的破坏。为平息不满，法国政府决定在拉·德芳斯地区建造一座新凯旋门作为补偿。“新凯旋门”由丹麦建筑师奥托·冯·斯普利格森设计，这座白色的“大拱门”高106米，呈掏空的立方体状，形成巨大门洞，与老凯旋门遥相呼应。如今，拉·德芳斯商务区由法国政府策划建成，已有超过1000家知名公司总部入驻，还拥有全欧洲最大的购物中心。在拉·德芳斯广场上，陈列着当代著名艺术家塔基斯、米罗和亚历山大·考尔德等人的雕塑作品。以“新凯旋门”为代表的拉·德芳斯城区建筑充满后现代主义气息，被视为“未来派城市”的缩影。整个拉·德芳斯广场宛如一座大型展览馆，展示着各式各样的现代雕塑和造型艺术。

（二）拉·德芳斯公共艺术的互动设计理念

公共艺术可以看成一种当代文化现象，代表城市形象，是城市、工作与艺术的交汇点。一件优秀的公共艺术作品，离不开与周围环境，包括人文环境和自然环境的融合与互动。拉·德芳斯城区可谓现代巴黎城市的“符号”，是公共艺术与自然环境、人工环境以及人文环境良好互动的典范。

1. 与自然环境的互动

这里的自然环境主要是指次生环境。一件出色的公共艺术品应如同自然环境般可持续发展，并能与之融为一体。生态公共艺术运用大自然中的元素，以自然符号（如雨、云、植物等）作为创作元素，塑造融入自然环境的公共形象。

在拉·德芳斯城区，有一座由艺术家雅各布·阿格姆于1977年设计创作的音乐喷泉。这是世界上最早的音乐喷泉之一，位于拉·德芳斯中心广场的中心位置，水池形状宛如钢琴键盘，每个琴键都以暖色色块呈现，在拉·德芳斯整体的灰色调中格外醒目。该喷泉的设计理念源于生活中的几个抽象概念，即火花、音乐和流水。整个音乐喷泉设有66个喷头，呈“S”形布置，能够喷出多层次的水柱，还搭配从特制喷射管喷出的火花以及从水底透出的灯光，打造出一场视听盛宴。喷泉巧妙地运用声、光、电等现代科技手段，将音乐、光影和火融为一体，让人们从视觉和听觉上感受自然魅力，实现与自然的互通。喷泉的水柱随音乐舞动，为在泉水边休憩的人们带来视听享受，放松心灵，满足人们在钢筋水泥丛林中对自然的向往。

2. 与人工环境的互动

与公共艺术互动中的人工环境是狭义的概念，主要是指人工圈定并建造的空间。现代公共艺术创作多在建筑、街道、广场等人工环境内进行，与这些人工环境紧密相连。一个优秀的公共艺术作品必须与人工环境相互协调，使身处其中的人产生共鸣，构建具有强大心理效应的公共艺术景观。

以拉·德芳斯的“新凯旋门”中的公共艺术创作为例，其设计与建筑设计的整体效果相得益彰。“新凯旋门”本就是为呼应城市中轴线另一端的老凯旋门而建，属于典型的后现代主义建筑，可以说“新凯旋门”自身就是拉·德芳斯区最重要的公共艺术作品。为使公众在拉·德芳斯之门内远眺风景不受天气影响，设计师彼得·瑞斯在建筑中部设置了一个类似“云”形的装置。从远处看，它如同悬浮在建筑内的云朵。该装置以铁氟龙为材质，用缆索支撑重量，上面覆盖一层布。在“云”装置下方的地面上，错落排列着许多方形淡蓝色玻璃，公众透过这些玻璃可观赏到优美的外界景色。这样的公共艺术作品，既充实了建筑的内外空间，又突出了建筑环境的艺术特性，建筑的主题及其衍生结构成为该地区的地标。

一件优秀的公共艺术作品应成为联系地区文化和时代精神的纽带，充分体现社会文化以及人们对环境中文化含量的重视。在公共艺术创作中，如何有效地保护历史文化，实现城市历史文化的延续，是设计师们需要深入探讨的课题。巴黎很好地展现了从拿破仑时代以来的城市规划发展历史，既妥善保护了城市的历史环境空间，又使公共艺术品与历史空间环境完美融合。

在拉·德芳斯“新凯旋门”的东北面，法国国家工业与技术中心西门前有一座名为《凯撒的大拇指》的雕塑，高约 12 米。作品名字中的“凯撒”，既指作者，又暗喻古罗马时期的凯撒大帝。作者将自己的大拇指等比例夸张放大，逼真地呈现每一个细节，包括手上龟裂的手纹，这些手纹传递出岁月沧桑之感。这个“大拇指”通过隐喻的方式与历史文化背景相联系，同时又不失时代精神，表达了对历史人物的赞美以及对美好未来的展望。“大拇指”的造型与周围环境完美融合，与代表新巴黎的拉·德芳斯融为一体，同时呼应巴黎城的历史，成功连接了巴黎城市的新老文化，堪称公共艺术的佳作。

巴黎的拉·德芳斯区是公共艺术与城市融合的典型范例。在这里，公共艺术品不仅保留了艺术的个体价值，还最大限度地发挥了公共艺术的公共价值，充分体现了公共艺术的互动性。一方面，拉·德芳斯的公共艺术品与周围环境建筑相契合，有效装饰美化公共空间；另一方面，能够充分体现周围的人文价值和时代精神。公共艺术应引发公众思考并产生共鸣，体现环境的自然价值和历史价值，同时其艺术形式要紧跟时代潮流，在公共空间中发挥装饰作用。

二、世博会英国“种子馆”

（一）英国馆的设计背景

2010 年中国上海世博会是各国展示自身的盛会，也是一场建筑的“T 台秀”，英国的“种子馆”在这场建筑盛宴中格外引人注目。从体量与空间功能判断，“种子馆”是一座建筑，更是一件公共艺术品，传递着希望的信息。英国馆的设计是英国政府对自身的一次展示。在人们的印象中，英国文化形象多为传统英伦风、流行音乐以及在大花园中享受惬意下午茶的场景，然而，此次英国政府试图借此向世界表明，英国依旧是一个极具创新力、充满希望的国家。

英国馆由设计师托马斯·赫斯维克操刀，面积达6000平方米，建筑呈6层楼高的立方体，外墙由6万根长达7米的透明亚克力管覆盖。这些亚克力管从中部固定，向四面八方延伸，两端随风摇曳，赋予建筑生机与活力。走进馆内，可以看到每根亚克力管里都包裹着一颗种子，6万根亚克力管中存放着6万个不同品种的种子，每根亚克力管就像封存希望种子的琥珀，“种子馆”的称谓也由此而来。这些种子由英国皇家植物园和中国昆明植物研究所合作提供，共同打造了这座“种子的圣殿”。参观者在此能够看到世界物种保护项目中的种子样本，仿佛在观赏一幅展现生命的画卷。“种子馆”的设计师托马斯希望通过“种子馆”传递可持续发展的理念，种子象征着希望，也寓意着英国这个“老牌”国家依然充满生机与活力。整个英国馆的设计别具匠心，核心部分是“种子馆”，设计师还对其周围环境进行了处理，使其如同一张打开的包装纸，寓意英国将这座象征希望的“种子馆”包装起来，作为礼物赠送给中国。

（二）英国馆的设计理念

种子看似平凡无奇，却蕴含着强大的生命力。蒲公英能给人带来春的气息，让人深切感受到生命力的顽强，而且在童年记忆中，吹散蒲公英伞的经历美好而难忘。很少有植物能像蒲公英这样，与人们的生活紧密相连且富有感染力。英国馆选取蒲公英的形象进行设计构思，使这座仿生建筑能更好地与环境融合，模糊自然与城市建筑的界限。蒲公英虽小，但其花型独特优美，将其放大到建筑尺度，能给公众带来强烈的视觉震撼，吸引人们的目光并引发共鸣。在当今社会，回归大自然、追求可持续发展已成为主流思想，种子与人类生活息息相关，关乎人类生存、地球发展和人类文明进步。设计师通过“种子圣殿”表达了人类对新生命的渴望以及对人与自然和谐相处的美好憧憬。

仿生蒲公英的创意虽好，但实现起来颇具难度，如何展现蒲公英的触须成为设计师面临的难题。设计师从电影《侏罗纪公园》中获得灵感，电影中恐龙DNA被置于琥珀中间的情节启发了他们。于是，他们想到用透明、有弹性的亚克力光线管包裹种子，以此完美呈现蒲公英纤细触须的效果。英国馆的钢结构中“生长”出6万多根包裹着种子的亚克力管触须，每根触须长度约7米，大部分暴露在展馆外，一端用铝管固定。当微风拂过时，便呈现出“风吹草动”的美妙场景。用透明亚克力管覆盖整个建筑外观效果极佳，贯穿建筑内外的亚克力管大密度排列且透光，为室内营造出群星密布的氛围。球形的建筑造型以及内外相通的亚克力管，使室外亚克力管之间的间隙自然变大，6 万多根亚克力管呈发散状，仿佛自然延展且无边界。“种子馆”在光线运用上堪称精妙绝伦，与那些在展馆内大量使用 LED 显示屏和人工照明的方式不同，“种子馆”通过透明亚克力管将自然光引入室内，日光自然照亮管子末端，让整个室内如同被群星照亮般幽美，充分展现了设计师的想象力和对空间效果的创造力。

三、南京、合肥两地的渡江战役纪念馆

为纪念伟大的渡江战役胜利，在长江南北两岸各建有一座渡江战役纪念馆。南京渡江战役纪念馆的主体建筑属于典型的现代主义建筑，广场上一组红五星的公共装置独具特色，大尺度的红色五角星极具视觉冲击力。合肥渡江战役纪念馆的主体建筑形似一艘乘风破浪的大船，完美诠释了革命的大无畏精神，使渡江战役纪念馆兼具建筑功能性和公共艺术装饰性，很好地美化了长江边的公共环境。由于两座场馆均为纪念渡江战役而建，因此有学者将对它们进行对比，以更深入地剖析两个渡江战役纪念馆在设计上的优点与不足，探讨公共艺术与建筑之间的关系。

对比南京、安徽两地的渡江战役纪念馆，在设计思路上存在一些相似之处。首先，两地场馆均由一个主题雕塑和一个主馆构成，且雕塑主题有异曲同工之妙，都以红五星为主要设计元素，并采用大空间尺度，营造出威严、庄重的氛围。从雕塑设计来看，安徽场馆因只有一根石柱，在气势上稍逊一筹。相比之下，南京的红星雕塑群气势恢宏，更能充分展现当年“百万雄师过大江”的磅礴气势，有力地传达了我党的大无畏革命精神。其次，在主馆设计方面，两馆各具特色。合肥的主馆外形采用简单的几何形状，从南侧立面看是一个钝角三角形，从西侧立面看则像一个“H”字母中间矗立着五角星石柱雕塑。这种简洁明了的外形设计，搭配巨大的空间尺度，极具视觉震撼力，从远处看仿佛一艘承载着革命先辈英勇无畏精神的巨舰，迎着巨浪奋勇前行。通过主馆内部结构图可以清晰地看到，设计者在设计内部空间时，有意识地将内部展示设计与外部造型设计相结合，充分利用建筑外形特点，取得了独特的效果。

从建筑风格形式上看，两个场馆的主题建筑分别代表了两种不同风格。南京的场馆是典型的现代主义建筑，注重功能性，简单的方盒子建筑外形有利于充分利用建筑内部空间，但建筑外观的视觉冲击力不及合肥的场馆；合肥的渡江战役纪念馆属于后现代主义建筑，尽管其外形是简单的三角形，但夸张放大的三角形不符合现代主义建筑对功能性的要求，会导致建筑内部空间出现诸多死角无法利用，不过其极具视觉冲击力的外形与周围环境完美融合。

建筑设计应更多考虑与周围环境的融合，并非单纯追求用夸张外形吸引眼球。若将建筑设计视为城市中公共艺术品的设计，不仅不会削弱建筑自身个性，反而会因

“因地制宜”产生更好的效果。如果把城市宏观地看作一个广场，这个广场是为公众提供生活休闲、交流互动的空间，那么将建筑视为广场中的雕塑、装置或景观，以这种理念建造城市，更多考虑建筑的服务对象，以大众审美需求为建筑外形设计的出发点。

建筑与公共艺术相互融合，存在跨界之处。由于它们都服务于公众，具有很大的共通性。甚至可以说，建筑是公共艺术在宏观层面的一种呈现形式。在现代主义追求功能优先的潮流过后，建筑开始重新追求个性，同时强调功能的重要性，致力于将功能与个性化的建筑外形融合发展。

第三节　公共艺术建筑化的趋势

一、当代公共艺术、城市公共空间及公众之间的关系分析

公共艺术与公共空间之间的关系不言而喻，公共艺术是设立在公共空间中，并能够让社会公众自由参与、介入以及观赏的艺术形式，因此可以看出，公共性是公共艺术的基本属性，而公共艺术公共性的体现必须依附于公共空间以及公众。

城市、建筑、公共空间都是一种空间的结构，只是有尺度大小的区别，建筑是由若干小的公共空间组成，而城市又是由大量的建筑空间构成。传统意义上的公共艺术主要是对单个的公共空间进行装饰，让人们在使用这个公共空间的时候能够有一种艺术的氛围，是对人们精神层面需求的一种满足。公共艺术最早出现的形式是壁画和雕塑，很多是为了记录某些活动而被人们刻画的，放置在大型的公共空间内，让更多的人能够了解到上面所记载的一些公共活动（如祭祀）的场面。这个时期的公共艺术在装饰公共空间的基础上，更多的是起到了文化传承的作用。随着生产力的发展，人们可以用文字和图画将很多事件记录在纸上，就渐渐地弱化了公共艺术所要承担的文化传承的这个功能。在漫长的历史长河中，公共艺术与公共空间的关系一直都比较简单，公共艺术的存在就是为了装饰公共空间来满足人们对于“美”的需求。在生产力还不是很发达的漫长时期里面，城市的公共空间并不是很多，主要就是宗教建筑、街道、小型广场以及一些私人所拥有的庄园、地产等。而其中的私人庄园和地产并不对公众开放，所以只能算作半公共空间。在这些空间中，公共艺术主要是以壁画和雕塑的形式出现，并对这些空间进行装饰。随着工业革命的爆发，生产力水平得到了巨大的提高，与此同时城市化的进程加剧，大量的人口开始涌入城市，城市人口的膨胀就导致原来的城市公共空间已经不能满足人们的需求，更多的城市公共空间为了给人们提供

更为便利的生活条件以及精神生活而出现，如医院、学校、博物馆、商场、休闲广场、公园等。随着公共空间的增加以及公共空间的功能形式发生的转变，公共空间对于公共艺术的功能需求也不再是单一的装饰空间这么简单。

二、当代公共艺术建筑化的原因

当代公共艺术的建筑化主要是因为公共艺术功能性的增强，公共艺术已经不再是当初百分比法案中规定的那个“建筑装饰艺术”，而是在装饰建筑以及建筑周围环境的同时，还要更多地满足一些空间上的功能需求，如与公众的互动性。公共艺术的建筑化主要表现在，公共艺术品的体量越来越大，并且公共艺术可以创造出空间给公众，让公众进入到艺术品的本身去感受艺术的氛围，这些空间往往是通往下一个建筑空间的入口等。当代公共艺术的建筑化就是较之传统的公共艺术形式，除了去装饰公共空间外，还能有自己的空间提供给大众，这个空间具有一定的功能性，且又与艺术很好地融合，也能给公众很好的艺术享受。

公共艺术区别其他的艺术形式的关键在于其公共性，而公共艺术的公共性的发端就成为公共艺术起源的关键。关于公共艺术起源的说法有很多，到现在有学者们依然争论不休，但无论这些说法中的哪一种才是公共艺术的真正起源，通过对这些说法的分析我们可以看出，这些说法的内在依据就是公共艺术是一种具有象征性，能够向公众传达某种社会信息的艺术形式，这种艺术形式在过去通常是壁画和雕塑这样的表现形式。

公共艺术建筑化的原因主要在于公共艺术自身职能的转变，公共艺术不再单一地被用于装饰公共空间，还需要承担向公众传递文化信息、串联公共环境等作用，使得公共艺术在功能上变得多样，而公共艺术的建筑化正是其功能丰富之后的一个表现。

综合而言，公共艺术的建筑化是当代公共艺术发展的一个重要现象，是公共艺术功能丰富的结果。当代公共艺术也是城市公共空间及公众之间的空间使用矛盾的一个“桥梁”，当代的公共艺术从诞生之初就是为了美化建筑中的公共空间，给生活空间狭小的人们创造一个可以休憩、交流的地方。

第四节　科技对建筑与公共艺术设计的影响

一、计算机设计对于建筑和公共艺术设计的支持

人类的每一次生产力进步都会伴随着技术的革新。工业革命以后，生产力快速发展，人们的物质生活水平得到了很大的提高，标准化的工业生产模式也深深地影响到了设计领域，现代主义的设计风格开始流行，设计师们开始追求设计的功能性，反对纯粹的装饰。随着大工业时代的结束，对于生活在21世纪的人们来说，已经进入了信息时代，数字化技术已经广泛地渗透到设计的每一个领域里面，计算机辅助设计已经成为现代设计师离不开的设计手段之一。对于建筑和公共艺术的设计来说，计算机已经从最早的辅助设计逐渐演变到模拟人工智能的基于算法的参数化设计阶段。计算机设计已经被融入当代艺术设计的每一个步骤，它可以不费一砖一瓦就能够将设计师的想法用三维的形式展示出来，并且可以很方便地进行修改，大大地提高了设计的效率。例如，建筑信息模型技术的运用，可以对建筑建造阶段进行全程的模拟，从第一块砖头放在哪里开始到最后呈现的整体效果，都可以模拟到位，这样可以大大地提高建筑建造时的效率，减少那些不必要的操作步骤，以达到节约成本的效果。

如果将参数化设计看作计算机设计对于设计帮助的一个缩影，那么我们可以通过这个缩影来分析在现代设计中计算机设计的重要性。参数化设计对于建筑师而言，可以实现对以前无法实现的复杂形式的控制，提高建筑设计的效率。

首先，参数化设计可以通过最经济的方式实现设计师对建筑复杂外形的设计。参数化设计在处理建筑复杂外形的时候，可以通过设计师给出最基础的设定，即设定所要表现的外形的输入与输出之间的参数化关系，来精确地调整并呈现复杂的模型，使得设计从视觉直观的感性认识变成量化的理性认知，而且这个过程都是通过计算机完成的，不但可以大大节约建模的成本，还能够更加直观、全面地观察所设计出来的对象。

其次，参数化设计可以高效地创造出多种不同的方案以供选择。在项目的招标过程中，选择方案是一个必不可少的过程，这是方案最优化的必要途径。设计师在已经确定好设计的主要框架以后，只要对已经建立好的参数化模型调整其输入与输出之间的参数化关系，就可以实现方案的多样化，从而进行最优选择。

再次，参数化的设计方案还可以高效地调整方案来适应项目进行中各种各样的变

化。在确定设计方案以后，随着项目进程的不断推进，设计的方案可能会遇到很多可以预见或者不可预见的改动，而这些改动对于整个项目的进度影响极大，很多时候一个微小的改动对于一个项目来说就是毁灭性的。尤其是对于建筑来说，往往会因为当地的气候或者地质情况需要改动设计方案，这个时候对于原有方案的一点修改，都会导致总体尺寸的变化，而这类的改动在没有参数化设计的情况下就意味着要一丝不苟地将所有的设计图重新做一遍。而参数化设计只要内在逻辑关系没有发生改变，就可以相对轻松地进行修改。

最后，参数化设计可以高效率地交换设计信息。一个项目的完成必须进行分工协作，而且项目规模越大，分工协作就越复杂，一个项目运行的效率很大程度上都取决于协作单位之间设计数据的交换效率。例如，做结构工程需要的是轴线模型，工程预算师只需要所有的构建尺寸，设备工程师则需要某个位置的截面或者剖面、平面图。在没有参数化设计之前，每一种图都需要设计师去绘制，而在一个复杂的项目中，设计师很难保证每个图之间是否能够准确地“吻合”。在参数化设计技术的支持下，设计师在完成了模型之后，可以得到所有的数据，生成所有的技术图纸，甚至很多细节都可以打印出小样来。可以说，在工程项目的实际进程中，参数化设计可以极大地保障工程进程的流畅。

由此可见，参数化设计是计算机技术不断发展的必然结果，它的出现对于建筑设计而言是革命性的，或者说是跨时代的。参数化设计可以很好地适应现在社会条件下对于设计的要求，可以进一步优化社会资源，提高生产效率。

从计算机辅助设计的角度来看，其实建筑设计和公共艺术设计在很多地方都有着内在联系，从设计的一开始到向业主展示方案，再到工程建造直至最后完成，计算机的辅助贯彻始终。可以说，计算机辅助设计是为了适应当下社会的需求而出现的，是计算机设计技术发展到了一个程度之后必然的结果，也是公共艺术与建筑跨界融合的保障，为很多设想提供了一个展示的机会。

二、建造手段的不断丰富与新型材料的运用为复杂的设计提供了可能

当代的建筑和公共艺术较之过去发生了很大的变化，建造尺度和质感上的改变尤为明显，通过对奥运会、世博会这样的“大秀场”的观察，我们就不难发现建造手段的不断丰富与新型材料的运用对于建筑和公共艺术的设计创新的影响有多大。越来越强大的建造手段和越来越多的新型材料让设计师们真正做到了“敢想敢做”，过去很多的一些无法实现的想法在现在都已经不再是问题。新型材料主要是指在生产制造的过程中使用了新的工艺技术，较之过去具有节地、节能和环保的特点的一类材料。这些新型材料更加注重节能环保，能够很好地解决建造过程中的一些难题，同时也能给建

筑和公共艺术在视觉上带来一些不一样的感受。设计师在设计的过程中，往往会受到技术和材料的影响，使得创作的空间受到了一定程度的限制，新的建造技术和新型材料的出现，就能够很好地解决设计师的这一烦恼。

建筑建造手段的不断丰富可以让建筑突破原有物理上面的束缚，在形式上冲破原有的观念束缚，让人们感受到更加不可思议的建筑。新的建造手段，可以试验当下流行的参数化设计的需求，很多参数化设计出来的建筑或者公共艺术都是异形的，跨度很大、结构复杂，按照传统的建造方式几乎无法完成，而新的建造手段就可以实现设计师的创意。

北京奥运会使用的国家游泳中心“水立方”就是运用新型材料的一个典型例子。新型材料的运用可以说是设计师实现自己创意的前提。“水立方”的外观采用了ETFE（乙烯—四氟乙烯共聚物）膜材料，这种材料不仅轻盈透明，还具有良好的自洁性和耐候性。在日光的照耀下，“水立方”的表面仿佛覆盖了一层蓝色的水珠，波光粼粼，与周围的水景相映成趣，营造出一种梦幻般的视觉效果。ETFE是一种由高强度的氟聚合物人工制成的膜，之前被广泛运用在电器的包装设计当中。ETFE膜材料的特点在于具有高抗污抗黏性，膜的表面便于清洗，通常用雨水即可清除主要污垢，使用寿命可以达到25～35年之久，防火的等级可以达到DIN4102标准中的B1级别，并且质量轻巧，可以再循环利用。ETFE膜是一种透明膜，能为场馆内带来更多的自然光。它是根据细胞排列形式和肥皂泡天然结构设计而成的，这种形态创意十分奇特。作为大型比赛场馆的建筑材料用ETFE膜，更大的优势还在于它们可以加工成任何尺寸和形状，满足大跨度的需求，节省了中间支承结构。作为一种充气后使用的材料，它可以通过控制充气量的多少，对遮光度和透光性进行调节，节省能源的同时起到保温隔热作用。“水立方”以ETFE膜结构作为建筑外表的设计，不仅增加了建筑的观赏性，达到了设计师预想的梦幻效果，还节约了能源，减少了人力和物力的消耗，体现了新型材料对于建筑设计的价值。

在2022年冬奥会之前，“水立方”华丽“转身”为承接冬奥会冰上项目的“冰立方”，这也与其特有的建造手段和新型材料密不可分。“水立方”的墙壁和天花板由1.2万个承重节点连接起来的网状钢管组成，这些节点均匀地分担着建筑物的重量，使其坚固得足以经受住北京最强的地震。其地下部分是钢筋混凝土结构，在浇筑混凝土的时候，在每根钢柱的位置都设置了预埋件（上部为钢块），钢结构的钢柱与这些预埋件牢固地焊接在一起，就这样，地上部分的钢结构与地下部分的钢筋混凝土结构形成一个牢固的整体。正是靠着优越的结构形式和良好的整体性，“水立方”才拥有了“过硬的身体”，达到了抗震8级烈度的标准。

从“水”到“冰”，看似简单，但现实却恰恰相反。冰壶场地是公认的对冰面质量要求极高的运动项目，除了对冰面光滑度和平整度的严格要求外，对整体环境中温湿度、照明、声音传播、空气流动等有很高的要求。“水冰转换”实际上是一项大工程。首先，要对游泳池进行“填坑”，泳池里的水抽干以后，设计团队要根据坑底平面的荷载能力去搭建可转换架体，设计师们在试了木头、钢筋等多种材料以后，选择了目前钢结构加轻质混凝土预制板结构体系。

但是如何在保证冰面稳定牢固的同时，还能达到冬奥会比赛要求？秘密就藏在支撑冰面的可转换钢结构中。它由2600根3米高、2米长的薄壁H形钢搭建而成，每根梁柱装有柱脚，每个连接点装有可拆卸高强螺钉，确保钢架坚固结实。架体搭设完毕后，施工团队进行了荷载试验。最终试验结果显示，每平方米增加1吨的荷载，钢结构的最大变形仅有1.6毫米，符合3毫米以内的设计要求。有了骨架还不够，冰不能直接“长”在骨头上，所以制冰基础层施工也十分重要。其具体步骤是先在混凝土预制板面上铺一层PE膜，然后再铺两层挤塑保温板，保温板上再铺一层PE膜和抗滑移层，最上面一层才是制冰管架。2019年年底，“水立方”第一次完成游泳池与冰场的转换，耗时近60天；2020年12月，完成第二次转换结构的搭建，耗时20天；2021年10月1—14日，完成冰面制作，耗时13天。

正是各个设计和施工环节的环环相扣，与新型材料和建造手段的有力加持，共同成就了“水立方”和“冰立方”的成功。

参考文献

[1] 张忠梅．定位艺术的内涵、形态及其审美特征研究——虚拟艺术之后的公共艺术实践［J］．西南大学学报（社会科学版），2023，49（4）：229－243.

[2] 李钰哲，王伟，杨艺．基于艺术与技术融合的公共艺术创意设计研究［J］．丝网印刷，2025（2）：86－88.

[3] 李小明．新媒体艺术在公共空间中的创新应用［J］．艺术研究，2022，20（3）：120－122.

[4] 王芳．城市公共艺术设计中地域文化元素的运用［J］．装饰，2021（11）：138－141.

[5] 刘辉．公共艺术创意设计中的生态理念探讨［J］．美术观察，2020（8）：108－109.

[6] 廖容．城市公共景观设计与现代艺术的互动——营造公共情感体验的场所［D］．四川：西南交通大学，2018.

[7] 陈晨．基于文化传承的城市公共艺术设计研究［D］．北京：清华大学，2017.

[8] 张宇．当代公共艺术的材料创新与应用研究［D］．上海：上海大学，2016.

[9] 林丽．互动性在公共艺术设计中的应用探索［D］．广州：广州美术学院，2015.

[10] 文仁树．城市景观规划与改建的生态性探究——评《城市景观设计》［J］．中国教育学刊，2018（1）：23.

[11] 张爽，曹仁宇．数字化时代背景下城市公共艺术的发展［J］．美术大观，2017（1）：136－137.

[12] 胡颖，高峰．浅析城市公共艺术发展中存在的问题与改进措施［J］．大众文艺，2015（13）：108－109.

[13] 张步青，鲁海峰．城市公共艺术互动性研究［J］．湖州师范学院学报，2018（5）：100－105.

[14] 杨艳．公共艺术在城市公共空间中的互动性研究［J］．建筑工程技术与设计，2015（18）：255.